Diligence ≠ Success

成功不仅靠勤奋

宿春礼 著

光明日报出版社

图书在版编目（CIP）数据

成功不仅靠勤奋 / 宿春礼著 . —— 北京：光明日报出版社，2012.1
（2025.4 重印）

ISBN 978-7-5112-1873-5

Ⅰ . ①成… Ⅱ . ①宿… Ⅲ . ①成功心理—通俗读物 Ⅳ .B848.4–49

中国国家版本馆 CIP 数据核字 (2011) 第 225634 号

成功不仅靠勤奋

CHENGGONG BUJIN KAO QINFEN

著　　者：宿春礼

责任编辑：李　娟　　　　　　　　　　责任校对：张荣华

封面设计：玥婷设计　　　　　　　　　责任印制：曹　净

出版发行：光明日报出版社

地　　址：北京市西城区永安路 106 号，100050

电　　话：010–63169890（咨询），010–63131930（邮购）

传　　真：010–63131930

网　　址：http://book.gmw.cn

E–mail：gmrbcbs@gmw.cn

法律顾问：北京市兰台律师事务所龚柳方律师

印　　刷：三河市嵩川印刷有限公司

装　　订：三河市嵩川印刷有限公司

本书如有破损、缺页、装订错误，请与本社联系调换，电话：010–63131930

开　　本：170mm×240mm

字　　数：210 千字　　　　　　　　　印　张：15

版　　次：2012 年 1 月第 1 版　　　　印　次：2025 年 4 月第 4 次印刷

书　　号：ISBN 978-7-5112-1873-5–02

定　　价：49.80 元

前 言

　　长久以来，我们都信奉一种"老黄牛"似的勤奋精神，用"愚公移山"、"闻鸡起舞"、"悬梁刺股"和"铁杵磨针"的故事教育了一代又一代。勤奋被当成了成功的敲门砖，它让我们坚信，只要勤奋，就一定能够成功。在通往成功的道路上，勤奋的信念被无数希冀辉煌的人所信奉。

　　但事实是否真的如此？对于成功来说，勤奋的作用是不是被夸大了？

　　很多人"面朝黄土背朝天"，辛辛苦苦一辈子，到头来却依然固守着自己那"一亩三分地"。他们比很多人都勤奋，像老黄牛一般埋头苦干，"日出而作，日落而息"。对他们而言，勤奋和收获是不成正比的，这是为什么？

　　还有一些人，他们也很勤奋，但是他们却是用一份的投资，获得了十倍甚至千百倍的收益。像比尔·盖茨、巴菲特、李嘉诚、松下幸之助……这些响当当的人物，他们用几十年的时间积累了别人难以想象的财富。而他们之中，很多人都是白手起家，与我们站在同一起跑线上。究竟是怎样的魔力，使上帝如此偏爱他们，给予他们这样慷慨的馈赠？

　　事实已经很清楚，勤奋未必就能成功，成功也不只是依靠勤奋。勤奋是我们走向成功的必备品质之一，但是，勤奋却不是成功的决定性因素。对于很多人来说，他们整日埋首于工作中，孜孜不倦、日夜辛劳，但他们却依然没有改变。因为他们的勤奋缺乏远见，循规蹈矩，独守自己的小小天地中，结果只是在自己的小圈子中打转。很多时候，这些勤奋者只是重复着简单而繁重的体力劳动，结果日复一日，年复一年，麻木而冷漠地过着平庸的日子。这种看似勤劳的行为，其实是思想上的懒惰，没有热情，没有思考，他们的头脑在这繁重的劳动中变得越来越愚钝，没有了创造力的填充，他们的生活就如一潭死水，无法激起人生的波澜。

这样的人即使再勤奋也不能够得到成功的青睐。

"勤奋＝成功"的神话只存在于一定的环境中，那就是有了正确的方向、明确的目标、高效能的行动和良好的机遇等，而成功的人很显然意识到了这一点，并且也照此做了。

像比尔·盖茨、巴菲特等成功的人一直都在践行着这样一个道理：

若想勤奋有所成，就必须善于思考和选择，找到真正适合自己的成功之路。须知，好钢要用在刀刃上，勤奋要用在点上。古今中外，这种例子比比皆是。

蒲松龄在科场上一生失意，若是他依然执着，贪图功名，那么即使再勤奋也不过是步范进的后尘，更不会有旷世奇书《聊斋志异》的出现。

陈景润为了证明哥德巴赫猜想，整整演算了两麻袋的草稿，但这是建立在他正确的思维基础上。若是他的演算方法错误，即使再多的努力，也无法攻克这一数学难关。

爱因斯坦是科学界的泰斗，但是很少有人知道，在犹太国家以色列建立之初，他们曾邀请这位享誉世界的犹太伟人担任总统。如果爱因斯坦当时答应，那么这个世界上便多了一个失败的政客，而少了一位引导科学界的先知。

马克·吐温曾经在商路上努力打拼，却屡战屡败，后来在妻子的劝告下弃商从文。这样才使世界上少了一个失败的商人，多了一位伟大的作家。

在通往成功的道路上，我们不能否定勤奋的作用，勤奋确实是成功的一个重要因素，但它并非是唯一的，也不是最重要的。就好比说植物的生长，土壤是必不可少的，但同时也必须有阳光、空气、水分等，只有在这些条件的共同作用下，一粒种子才能成长为参天大树。成功需要勤奋的土壤，但同时也需要许多重要的因素。

在本书中，我们将一一为你阐述成功不仅靠勤奋的理由，告诉你怎样的勤奋才能使你到达成功的彼岸。

目　录

第一章
低效的忙碌是平庸之人的生存状态

第二章

修炼自我，增加勤奋的内存

第三章

统合综效，做一个高效能的勤奋者

第四章

智慧的勤奋才能卓有成效

第五章

时刻准备，在变化中掌控成功的机遇

第六章

和谐发展，找到勤奋的平衡支点

第七章

选准方向，勤奋也要忙到点子上

第二十节 计划和勤奋是执行目标的双翼 /216

低效的忙碌是平庸之人的生存状态

第一节
你的 "勤奋" 是否
走进了误区

勤奋——滋生拖延的温床

生活中有些人永远有完不成的工作，他们总是处于工作过度的状态中，但这样的 "勤奋" 却并没有给他们带来任何好处，反而让他们苦不堪言，受到老板的责备。造成这种结果的原因是，他们总是在拖延完成应该做的事情的时间。

我们每个人几乎都做过拖延的事，把该做的事拖延下去。我们认为以后会有更多的时间来做它，这个工作在另一个时间会变得容易点。但我们从未有更多的时间，而且我们愈拖延，工作会变得愈难做。

很多人对工作的态度，并不缺乏勤奋，但他们却有一种 "拖延" 的恶习。

一位著名企业家说他本来想要提升一个勤奋的经理人。"但是，" 他说，"他从未完成过任何事。他的桌子摆满了未完成的报告，他的备忘录上全是应回的电话。"

说到这里，你是否意识到，很多人的 "勤奋"，其实是因为 "拖延"。

拖延是放弃的窃贼，本来应该按期完成的任务，很多人却以勤奋为借口，堆积在办公桌上，每天忙忙碌碌，却不见任何成效。

拖延不仅妨碍我们的事业成功，而且干扰了我们的正常生活。本来要给在奋斗中的朋友一句鼓励的话，结果这话从未说出口；本来要说的赞美，结果也从未说出口；我们从未以行动来证明我们对某人的爱。拖延不但偷走我们很多宝贵的东西，而且还偷走本来可以给予别人的帮助。

拖延者总是等到最后1分钟才去做，这不但让工作变得更困难，而且经常延误时效，让自己过得忙碌而烦乱。

拖延者总会抱着这样的想法："白天做不完，晚上还可以做；平时做不完，周末还可以做，反正时间有的是。"这样的想法使得本来8个小时可以做完的事被拖延到10个小时才能完成；5天可以做成的事要拖到6天甚至半个月才能完成。

凡事都要立足于当下，运筹当下，并落实在当下的行动上。如果总是不断地拖延，再多的勤奋都是在做无用功，最终将导致效率低下，甚至一事无成。

拖延者在面对很多重要的事情时，都觉得处理起来有点麻烦，做起来并不是那么愉快，结果也似乎难以掌握，所以继续拖延。

殊不知，拖延就像鸦片一般容易上瘾，时日一久，它便会侵入拖延者的思想，让他养成一种恶习。当这种恶习养成后，拖延者只会挑简单的工作去做，对于其他任何事情，都会在心中想出一个借口来拖延。

拖延浪费了人的时间，错过了做事的最佳时机。日子在蹉跎、犹豫中一天天逝去，拖延者每天依旧很忙碌，但他们却将这种忙碌变得毫无意义。

莎士比亚有句名言："放弃时间的人，时间也会放弃他。"如果你不抓住时间，时间就会放弃你，等待你的将是无限制的恶性循环，如果不及时醒悟，只能使你的一生碌碌无为。

拖延会给人带来很多恶果。尽管你比别人勤奋，可却什么事都做不成，什么事都好像越来越不如意。每天下班前回顾一天的作为，拖延者便会慨叹：今天又有这么多事没完成，明天还有那么多工作要做。他们陷在工作过度的恶性循环中无法自拔。

一件事久办未完，在拖延者心里沉甸甸地压着，就像坠着一块石头，这怎么不使拖延者焦虑烦躁、寝食难安呢？

拖延使待处理的问题越积越多。每天对着桌面上债台高筑的未处理文件，拖延者却不知从何下手，结果往往是丢了这件忘了那件，一件不成半途而废，费时费力，结果问题仍旧越来越多。

拖延还会使拖延者的健康受到伤害。拖延带来的工作上的挫败感，会让拖延者情绪低落，终日烦躁无味，心思复杂，这种精神上的消沉会引发身体上的疾病：心情抑闷，身心不适，随之而来的是各种各样的疾病。

是什么使拖延者滋生如此的恶习呢？

（1）总是自我欺骗，相信以后还有更多的时间。这种情形在拖延者要做一件大事时特别明显。通常事情愈大，拖延者愈会拖延。

（2）缺乏紧迫感。对拖延者而言，有些事情的结果太远，在现在看来并不重要。拖延者选择先做其他事情，等到逼不得已，再来做这些事。有些人拖延的事情太大，以至于他们每天忙得团团转，有如救火员一样。

仔细想想，你的生活中，真的是因为有太多的工作要做才陷入低效率的状态中吗？是不是因为拖延，让你处于低效率的勤奋中呢？改变拖延的习惯并不是一件困难的事，只要提醒自己行动起来，做到高效，做到不那么无谓地忙碌。

被别人支配的"繁忙"是一种无原则的妥协

我们若想成功，确实需要勤奋，但被别人话语所支配的盲目勤奋是无用的。

有一句谚语说："不晓得明天该做什么的人，是不幸的人。"其实，这也是很多人共有的缺点。他们在决定某件事情或进行一项活动时，要么刻意模仿别人的做法，人云亦云，随波逐流；要么一味迎合他人的意图，甚至不管那意图是不是违背了自己的初衷。他们都是失去自我的人，没有活出本属于自己的生命。

爱默生曾经说过："想要成为一个真正的'人'，首先必须是个不盲从的人。你心灵的完整性是不容侵犯的……当我放弃自己的立场，而想用别人的观点去看一件事的时候，错误便造成了……"

一个人，只要认为自己的立场和观点正确，就要勇敢地坚持下去，而不必在乎别人如何评价。

父子俩赶着驴子去集市赶集。起初，父亲骑驴，儿子走路。路人看见他们经过，就说："真是狠心呀！一个强壮的汉子坐在驴背上，那可怜的儿子却要步行。"

于是父亲下来，儿子上去。可是路人又说："真不孝顺呀！父亲走路，儿子骑驴。"

于是父子两人一齐骑上去。这时路人说："真残忍呀！两个人骑在那可怜的驴背上。"

于是两人都下来走路。路人说："真愚蠢呀！这两人步行，那只壮实的驴子却没有东西驮。"

最后，他们到达集市时整整用了一天。人们惊讶地发现，原来那人同他的儿子一起抬着那头驴来到了集市！

如果让空洞的批评占据了你的头脑，而你却不去认真地思考、判断，就会极大地妨碍你的行动。

故事中父子俩的行为固然可笑，但笑过后我们必须审视一下自己，我们自己是不是也经常像这样没有主见，容易被别人所左右？任何时候做任何事情，你都先要清楚知道自己在做什么，他人的意见只能作为一个参考，而不能取代了我们自己的主见。

在现实生活中，我们有时也像这个赶驴的人一样，会因为过分在意舆论的压力而看不清方向，忘记了自己的目标。

如果让别人的话语支配了你的头脑，不去认真地思考、判断，就会极大地妨碍你的行动。

迷信专家、迷信权威，便是盲从他人的最好例证。

现在人们生活在一个充满专家和权威的时代。由于人们已十分习惯于依赖这些专家权威性的看法，他们的话便是"圣旨"，便一丝不苟地去执行，结果人们逐渐丧失了对自己的信心，以至于不能对许多事情提出自己的意见或坚持信念。

有许多儿科医生会告诉你如何喂养、抚育和照顾孩子，也有许多幼儿心理学家告诉你如何教育子女；经商时，有许多专家会告诉你如何使生意成交；在政治上，人们投票很少是因为个人的选择，大部分人是盲从某些特定团体的意见；就是人们的私生活，有时也要受某些专家意见的影响。

普林斯顿大学校长哈洛·达斯，在 1955 年的毕业生典礼上，以《成为独立个性的重要性》为题发表演讲，他指出：无论人们受到多大的压力，使他不得已改变了自己去顺应环境，但只要他是个具有独立个性气质的人，他就会发现，无论他如何尽力想用理性的方法向环境投降，他仍会失去自己所拥有的最珍贵的资产——尊严。维护自己的独立性，是人类具有的神圣要求，是不愿当别人的橡皮图章的表现。随波逐流，虽然可得到某种情绪上的一时满足，但人们的心灵定会时时受到它的干扰。

人们若没有独立的思维方法、生活能力和自己的主见，生活、事业就无从谈起。众人观点各异，一味地无原则地妥协，只会导致无所适从。只有把别人的话当参考，按着自己的主张走，一切才会处之泰然。

把事情复杂化无异于庸人自扰

杞国有一个人，整天发愁天会掉下来，地会陷下去，那样自己就没有安身之处了。为此他饭吃不下去，觉睡不好，甚至因此而害起病来。

另外一个人看到他忧愁成这个样子，忙向他解释说："天是由气聚集而成的，没有一个地方没有这种气，我们的一伸一曲、一呼一吸没有不接触气体的，我们整天在气体中活动，气体又怎么会塌下来呢？"杞人听了之后半信半疑地问："天如果真的是由气聚集而成，那么其中的太阳、月亮和星星就不会掉下来吗？"那个人听后又解释说："太阳、月亮和星星也都是由气聚集而成的，不过它们有光亮，即使掉下来，也不会伤害人的。"杞人听了之后还是很担心，那人又说："地不过是由土块聚集而成，地球上的任何地方都有土块，我们整天在地上活动休息，怎么会陷下去呢？"杞国人至此才明白怎么回事，没过多久，病也好了。

在现实生活中，"杞人忧天"的故事并不少见，很多人都庸人自扰，把一个简单的问题设想为有着千奇百怪的答案，进而做了很多无用功。

某一公司人事部经理讲过这样一个故事。

他代表公司去招聘一些大学毕业生。面试时他出了这样一道算术题：10 减 1 等于几？

有的应试者冥思苦想之后故作神秘地说："你想让它等于几，它就等于几。"还有的人自作聪明地说："10 减 1 等于 9，那是消费；10 减 1 等于 12，那是经营；10 减 1 等于 15，那是贸易；10 减 1 等于 20，那就是金融；10 减 1 等于 100，那是贿赂。"

只有一个应试者回答等于 9，还有点犹犹豫豫。问他为什么？这位应试者说："我怕照实说，会显得自己很愚蠢，智商低。"

最后这个老实人被录用了。

人事部经理说，公司的宗旨就是"不要把复杂的问题看得过于简单，也不要把简单的问题看得过于复杂"。

一件简单的事，几经反复，却变得复杂起来。把复杂的问题简单化，是聪明人的做法；把简单的问题复杂化，是愚蠢人的做法。

还有这样一个故事。

餐桌上，七八个客人为打开一个恼人的酒瓶塞几乎败了酒兴。

　　经过他们轮流折腾，那个软木塞非但没起出，反而朝瓶内陷下去一厘米。有人提出应该用锥子挑；有人则否定，认为木质疏松，不易成功。有人提出最好用一只螺丝钉旋进木塞，然后用力拔出；还是有人否定，认为即使稍微朝下用点力木塞也会掉进瓶内；又有人认为最好的办法是用锥子对着木塞朝瓶颈壁的方向用劲插入，然后可望将木塞随锥子一起拔出，但使劲儿的话，容易把木塞捅进酒瓶。

　　再次折腾的结果是软木塞没有取出来，却掉进了酒瓶内。客人们在一片惋惜中发现了事情的结果——酒能倒出来了。

　　在走了许多弯路之后，人们往往发现原来最简单的那条路竟是最好的路。这个世界上，最清醒的人应该是自己，而不是别人。因为庸人自扰而走弯路，岂不是一种悲哀？

　　世界上很多事情本来就很简单，却往往被我们所忽略，反而使事情变得复杂。

　　复杂就一定成功吗？如果是这样，在这个用忙碌来衡量成功的世界里，忙忙碌碌的状态是否就是成功的一种表现？其实所谓成功并不复杂，关键是你的心态如何。如果你能关注工作本身的快乐而非工作背后的附加部分，你就会简单地看待工作，也会快乐许多。潮有涨落，人有变化，就像是演艺界的明星们，大红大紫终有时，当灿烂归于平淡时，怎样看待自己与工作的关系，是为了什么而工作，似乎就决定了他们今后的生活状态。

　　其实，生活并不复杂，我们无须庸人自扰。抛开繁复的表象，进入自己的内心，看清自己的需求，做真实的自己，并快乐着，或许一切就会变得美好。简单并不意味着贫乏，它只是一种不让自己迷失的方法，你可以因此抛弃那些纷繁而无意义的生活，全身心投入你的生活，体验生命的激情和至高境界。

　　生活需要简单来沉淀。

　　在唐代，有一个叫作陆象先的人，很有气量。

　　当时太平公主专权，宰相萧至忠、岑羲等大臣都投靠她，只有陆象先洁身自好，从不去巴结她。先天二年，太平公主事发被杀，萧至忠等被诛。受这件事牵连的人很多，陆象先暗中化解，救了许多人，那些人事后都不知道。

先天三年，陆象先出任剑南道按察使，一个属下劝陆象先说："希望明公采取些杖罚来树立威名。要不然，恐怕没人会听我们的。"陆象先说："当政的人讲理就可以了，何必要讲严刑呢？这不是宽厚人的所为。"

后来，陆象先出任蒲州刺史。百姓犯法了，他大多开导教育一番，就放了他们。录事对陆象先说："明公您不鞭打他们，哪里有威风？"陆象先说："人都差不多的，难道他们听不明白我的话？如果要用刑，我看应该先从你开始。"录事羞愧地退了下去。陆象先常常说："天下本无事，庸人自扰之。如果在开始就能明白这一点，事情就简单多了。"

仔细想想，你是否也曾"杞人忧天"，把事情复杂化，犯过庸人自扰的毛病？

"勤奋"是一种掩饰内心极度自卑的表现

苏格拉底晚年时，想找一个人来继承他的衣钵。他想到了自己的助手，一个非常勤奋且能力不错的年轻人。他把助手叫到床前说："我的蜡烛所剩不多了，得找另一根蜡烛接着点下去，你明白我的意思吗？"

"明白。"那位助手赶忙说，"您的思想光辉是应该得到很好的传承的……"

"可是，"苏格拉底慢悠悠地说，"我需要一位最优秀的传承者，他不但要有相当的智慧，还必须有充分的信心和非凡的勇气……这样的人选直到目前我还没有，你帮我寻找和发掘一位，好吗？"

"好的，好的。"助手温顺而谦恭地说，"我一定竭尽全力地去寻找，不辜负您的栽培和信任。"

苏格拉底笑了笑，没再说什么。

那位忠诚而勤奋的助手，不辞辛劳地通过各种渠道开始四处寻找。可他领来一位又一位，总被苏格拉底一一否定。

这时苏格拉底已经病入膏肓，他抚着那位助手的肩膀说："真是辛苦你了，不过，你找来的那些人，其实还不如你……"

"我一定加倍努力，"助手言辞恳切地说，"找遍城乡各地、五湖四海，我也要把最优秀的人挖掘出来，举荐给您。"

苏格拉底笑笑，不再说话。

3个月之后，苏格拉底眼看就要告别人世，但他的继承者人选还是没有眉目。助手非常惭愧，泪流满面地坐在病床边，语气沉重地说："我真对不起您，令您失望了！"

"失望的是我，对不起的却是你自己。"苏格拉底说到这里，很失望地闭上眼睛，停顿了许久，不无哀怨地说，"本来，你自己就是最优秀的。只是你不敢相信自己，才把自己给忽略、给耽误、给丢失了……"话没说完，一代哲人就永远地沉睡了。

那个助手，具备了继承苏格拉底衣钵的一切条件，却独独缺少了自信，因为缺乏自信，他丧失了成为一个优秀哲学家的机会，辜负了苏格拉底的期望。

不相信自己，就等于放弃成功。

自信的力量是巨大的，是成功者的法宝。

有人说，一个人的成就，绝不会比他的自信能达到的更高。这就给所有的勤奋者提供了一个标尺和要求：在开始做事之前，就要充满自信。

如果一个人不自信，那么他时刻都会受到环境和别人的影响，即使再勤奋也成效不大。

当杜邦在法拉格特将军面前陈述未能攻陷切斯特城的种种原因时，法拉格特将军加上了一句："此外还有一个原因你没有提到，那就是你不相信自己能做成那件事。"

一个连自己都不相信的人是不能做成大事的，只有领悟了信心的作用，通过不断的努力，才可以成就一番事业。

一个从来不相信自己、无法独立做出判断、总是依赖别人意见的人，是不能得到人们的信任的。这种自我贬低的不良习惯又对一个人性格的培养极具腐蚀作用，会打击他的自信心，扼杀他的独立精神，使他找不到生活的精神支柱。

许多貌似勤奋的人，整天忙东忙西，脚不沾地，实际上这是内心里缺乏自信的表现。因为缺乏自信，所以以为用比别人更多的时间工作就可以比别人做得更好。他们用勤奋来安慰自卑的心，他们告诉自己，因为自己勤奋，做得多，所以自己应该成功。可事实并非如此。

许多人在日常生活中的表现和温度计非常相像。他们的自信是别人的意见所左右的。根据周围人对他们的看法，心中的自信就像水银柱一样上升或下降。当周围的人对他们赞扬有加，这些人就会自我感觉良好；而一旦周围的人对他们提出批评，他们的自我感觉就会降到一个特别低的水准。

他们总是勤奋地工作，以期得到别人的赞赏，来提升自己的自信心。这其实是一种不自信的表现。

一个只知勤奋，却在内心里缺乏信心的人，是不可能成功的，就像我们在文章开头所提到的那个助手。没有信心，是无法应付生活中的许多责任，以及挫折、失败和各种意想不到的风险的，这些虽是我们不愿意的但也却是不可避免的。如果一个人不具有足够的勇气，他就根本不可能超越这些障碍好好地生活，更不用说成就什么丰功伟业了。所以"勤奋的人"应该问一问自己，在自己内心的深处有多少自信，而不是在表面上看起来有多么勤奋。

爱默生说："如果一个人不自欺，也将不被欺。"

我们拥有坚定和自信的个性，就不会自欺欺人，拿勤奋作为自卑的挡箭牌。总是能对自我和生活做出积极的、实事求是的评价，就可以不断塑造自己的品格。无论什么时候，都不要无端地低估自己，鄙视自己。

完全认可自己、忠实自己，是一个人最宝贵的品质。如果一个人在内心没有对自己完全肯定，即使再努力，也没法得到真正的成功和快乐。

如果自己都怀疑自己的能力，那么就没有人会信任你。要坚信自己生来就是为了成就大事而来的。要发挥你所有的才能，激发你所有的潜力，去承担重大的责任。

自信是人生不竭的动力，它能帮你战胜自卑和恐惧。

自信、乐观是人生的一剂良药，它能给绝望者以希望，给懦弱者以勇气。

人们没有必要总是看到别人的长处，而忽略自己的优点。每个人都要学会对自己有一个全面的、公正的认识，要知道自己也可以成为"太阳"。

世界上没有两片完全相同的叶子，同样，世界上也就没有两个完全相同的人。你作为一个能够独立思考的个体，会有许多不同于他人甚至比他人优秀的地方，你应该用自己特有的形象来丰富生活。不要让勤奋成为自卑的借口，而要让勤奋成为自信的助力。

第二节
勤奋不能成功的
四大原因

把工作当成苦役

一位智者曾经说过："人的一生中，可以没有很高的名望，也可以没有很多的财富，但不可以没有工作的乐趣。"

当我们在做自己喜欢的工作时，很少感到疲倦。比如在一个假日里，你到树林漫步，整整玩了 10 个小时，可你一点都不觉得累，因为漫步是你的兴趣所在，从漫步中你享受到了快乐。

工作是人生中不可或缺的一部分。如果从工作中只得到厌倦、紧张与失望，人的一生将会非常痛苦！令自己厌倦的工作即使带来了名与利，也不能带给我们多大的快乐。

带给自己工作乐趣的不是薪水，也不是事业成就，而应当是工作的过程。工作不是为了生存，而是要给个人的生活赋予意义，给自己的生命赋予光彩。

约翰·米尔顿说过："一切皆由心生，天堂与地狱只不过一念之间。"

你的态度决定你的人生，把工作当作乐趣，你便会享受生活的美好；而把工作当成苦役，只会倍感痛苦。

方成是个外企职员，每天的工作就是拟订合同，统计销售情况，制订市场运作方案。每天他通常都是最后一个离开办公室的人，回到家已是精疲力竭，连煮咖啡的力气都没有了。到了周末，他只想好好地睡上两天。至于休闲、外出根本就是心有余而力不足。每天，他都被工作折磨得筋疲力尽。渐渐地，方成发现自己简直就是一个工作机器，信用卡里的钱在不断地上涨，可自己眼角的皱纹也在以几何倍数的速度狂增。

在我们的生活中，有很多"方成"式的人物。他们拼命工作，忙忙碌碌可以媲美"拼命三郎"，但他们的生活死气沉沉，没有一点快乐，因为在他们眼中，工作就是苦役。

对工作缺乏激情，总认为工作是枯燥乏味的，缺少乐趣，这是他们痛苦人生的来源。工作对我们而言究竟是乐趣还是枯燥乏味的事情，其实全看自己怎么想，而不在于工作本身。如果你只把目光停留在工作本身，那么即使是从事你最喜欢的工作，你依然无法持久地保持对工作的热情。如果你能在工作中找到乐趣，找到更大的目标和方向，你还会认为自己的工作周而复始、枯燥无味吗？

你对工作没有热情，表现得很消极，那你就不可能在工作上取得任何成就。如果你认为自己的能力差，条件不足，会失败，是二流员工，那么这些自甘平庸的工作态度便会让你的工作也流于平庸。

相反，如果你认为自己很重要，找到了工作的方向和乐趣，把自己的工作看得十分重要，那么你很快就会迈上成功之路。

事实上，一个热爱工作，总能在工作中寻找到乐趣的人，能接收到一种心理讯号，告知他如何把工作做得更好；一件做得更好的工作意味着更多的升迁机会、更多的金钱、更多的权益，以及更多的快乐。

塞缪尔·斯迈尔斯的办公桌上挂了一块牌子，他家的镜子上也吊了同样一块牌子，巧的是麦克阿瑟将军在南太平洋指挥盟军的时候，办公室墙上也挂着一块牌子，这些牌子上面都写着同样的座右铭。

你有信仰就年轻，

疑惑就年老；

有自信就年轻，

畏惧就年老；

有希望就年轻，

绝望就年老；

岁月使你皮肤起皱，

但是失去了热忱，

就损伤了灵魂。

没有了热情，你便会对工作失去兴趣，那么工作对你来说，也不过是一场痛苦的折磨。

工作其实就像一堆煤山，热情就是火种，用热情去点燃煤山，工作就会燃烧起来，释放出巨大的能量。

态度决定一切，一个人工作态度的优劣直接决定了他工作成就的高低。你可以选择积极地做完一天的工作，也可以任由自己陷于被动和消极的情绪中。既然你无法逃避自己的工作，那么你为什么不积极地对待它，满腔热忱地去工作，摆脱工作的痛苦和折磨呢？

佛家讲求"因果报应"，种瓜得瓜，种豆得豆。在田里播下好种子，可以得到很大的收获。如果是坏种子，就只能收获一点点。态度也是如此，抱着消极的想法，把工作当成苦役，当然不会成功。

相反的，尽管工作很辛苦，但如果能经常在自己心中说"我喜欢这份工作，这份工作让我很快乐，受点累又何妨"，这样把自己的心向着光明，工作和生活都会朝着好的方向发展，最终成为自己所希望的样子。

放弃了自我选择的自由

在街头常见一种耍杂艺的人，他们把一只小盘子悬空吊起来，让小老鼠绕着盘子的边缘不停地跑动。过往的行人看见小老鼠绕着盘子不知疲倦地跑着，都非常开心。那只小老鼠的可怜之处在于：它不知道自己的命运是悲惨的，它也不明白自己这样疯狂地跑下去是毫无结果的，它从没有想过要跳出这个盘子，可怜的它在消耗完自己的力气以后，甚至会活活累死在那个小小的盘子里。

有些人活着就像小老鼠一样循规蹈矩，他们的生存空间很小，就像围绕在一个小小的盘子的边缘一圈又一圈地打转，没有尽头也没有自由，直至生命走到尽头。他们有的人一辈子都在自己的土地上辛勤耕种，对于外界的事情所知甚少，每天都是日出而作日落而息，面朝黄土背朝天，辛辛苦苦，一天天消耗着自己的生命。在他们看来，只要自己辛勤劳动就有回报，就会有好日子过。因此，他们就像那只小老鼠一样一辈子就在自己的土地上打转，直到离开这个世界。还有一些人，他们选择了一个没有前途的单位混日子，每天按时上班和下班，在两点一线之间重复自己的生活，每月领取固定的工资来养家糊口，这些人同样是"在自己的盘子里打转"来度过自己的一生的。

1亿年前，地球上到处是体积硕大的恐龙。后来，地球发生了变化，恐龙在很短的时间内灭绝。迄今为止，科学家还不能确定究竟是发生了什么样的变化，但唯一能确定的，就是恐龙因为无法适应这种变化，而遭绝迹的下场。

无论是小老鼠，还是恐龙，都是因为它们循规蹈矩，不知突破创新，导致了自身的悲惨境遇。

社会进步与个人发展都需要敢于打破常规，不拘于常理，不需要事事顺应潮流、听天由命。推动社会进步的往往是那些具有革新精神、敢于打破常规、改造环境的人。你经常会听到人们提出这样的一种论点："如果每个人都仅仅遵守自己愿意遵守的规定，那我们的社会将会成为什么样子呢？"对这种说法的一个简单答复便是：大家不会都这样做的！我们社会中的大多数人都习惯于依赖世界、循规蹈矩，因此他们不可能都这样做。

如果有一种规矩妨碍着人们的精神健康，阻碍着人们去积极生活，那它就是不健康的。如果知道这种规矩是消极且令人讨厌的，而又一直遵守规矩，那这个人就陷入了人生的一种误区——放弃了自我选择的自由，让外界因素控制了自己。

人们之所以循规蹈矩，是因为他们害怕变化。人们天生有恐惧变化的心理。不管是环境的改变还是人际关系、态度的改变都会给人造成一定的紧张感。但是我们生活中的变化是随时都会发生的。我们的生活中，唯一不变的，就是变化。

在我们的生活中，变化是显而易见的。科技的迅速发展，新技术、新方法层出不穷，我们面对着让我们眼花缭乱的世界，必须去适应，而不能让变化了的生活来适应我们。没有什么是永恒的，当我们的技能、水平已明显不能跟上时代的进步时，从自身做起，努力提高自己，适应变化是我们唯一能做的事。

一个人辛苦一辈子为了什么？不就是为了能有一片自己的天地？但若是循规蹈矩、害怕变化，那么这个人的事业也就仅仅局限于一片狭小的空间，勤奋努力也只是围绕着这片狭小空间，对事业没有一点帮助。

循规蹈矩的勤奋者不喜欢改变，他们安于现状，没有野心，没有创新精神，没有工作热忱，像一头拉磨的骡子，不停绕着磨盘打转，不设法改变自己，不让自己有资格做更好的工作。

循规蹈矩的勤奋者不肯承认改变的事实。他们不愿为自己制造机会，而情愿受所谓运气、命运的摆布。因为不相信自己能掌握命运，所以会选择错误，不是在平坦的道路上蹒跚前进，就是一辈子在原地打转。

循规蹈矩的勤奋者无法视变化为正常现象。他们没有衡量自己适应变化的能力，包括步调、新观念、做事的弹性和效率等，他们更不会探索自身的潜能，遇到变故发生，依然按照传统和规矩做事。

不再成长，使得这些勤奋者过去所有的优点，都逐渐变成了缺点。他们让自己受限于困境，恐惧局限了他们的眼界，当然也降低了他们做事的能力。

变化是无时不在、无处不有的，我们每天都可能面临改变。新的产品和新服务不断上市，新技术不断被引进，新的任务被交付，新的同事、新的老板……这些改变，也许微小，也许剧烈。

面对改变，意味着对某些旧习惯和老状态的挑战，如果你紧守着过去的行为与思维模式，那么，即使你再努力也是成效不大。

应付了事给日后留下隐患

有许多人失败，是败在做事敷衍了事这一点上。这些人对于自己所做的事从来不会达到尽善尽美。

一个老主持，收了一个徒弟，徒弟第1天进门，他就安排徒弟做例行功课——扫地。过了些时辰，徒弟来禀报，地扫好了。

主持问："扫干净了？"

徒弟回答："扫干净了。"

主持不放心，再问："真的扫干净了？"

徒弟想了想，肯定地回答："真的扫干净了。"

这时，主持沉下脸，说："好了，你可以回家了。"

徒弟很奇怪："怎么刚来就让回家，不收我了？"主持摆摆手，徒弟只好走人，不明白主持怎么也不去查验查验就不要自己了。

原来，这位主持事先在屋子的隐秘角落里悄悄丢下几枚铜板，看徒弟能不能在扫地时发现。而那些应付了事，或偷奸耍滑的人，都只会做表面文章，是不会认认真真地去扫那些角落的。因此，也就不会捡到铜板交给主持。主持正是这样"看破"了徒弟，或者说，看出了徒弟的"破绽"，如果他藏匿了铜板不交给主持，那破绽就更大了。

许多时候，我们都会漫不经心地处理、打发掉一些自认为不重要的事情或人物，但这种随意不负责任、应付了事的行为会造成一些很不好的影响或后果，在我们以后的人生道路上，不一定在什么时候突然显现出来，令我们对当时的行为追悔不已。

上天赐予我们的生活是公平的，我们每时每刻都在为自己建造着自己生命的归宿，今天的任何一个不负责任的后果，都会在以后的某个地方等着我们。

很多人为了追求工作的数量，而应付每一项工作，以期省出更多的时间做更多的工作。这种人不能说不勤劳，但他的勤劳却缺乏质量的保证，最终将失去效果。

一个应付了事、缺乏责任感的人，无论他工作多么努力、能力多么高，都永远得不到上司的赏识和成功的青睐。

综观人类的历史，由于应付了事而造成的恶果比比皆是。在美国宾夕法尼亚的奥斯汀镇，因为在筑堤工程中，没有照着设计方案去筑石基，结果堤岸溃决，全镇被淹没，无数人死于非命。无论在什么地方，都有人犯疏忽、敷衍、偷懒的错误。

养成了应付了事的恶习后，做起事来往往就会不诚实。这样，人们最终必定会轻视他的工作，从而轻视他的人品。粗劣的工作，不但使工作的效能降低，而且还会使人丧失做事的才能。所以，粗陋的工作，实在是摧毁理想、阻碍前进的大敌。

早晨的闹铃响了好几遍，小张才从床上挣扎起来。他匆匆忙忙地赶往公司，早饭也顾不上吃。跨入公司大门，还是神情恍惚，坐在会议室，睡眼惺忪地听着经理布置工作……一天的痛苦工作之旅就这样开始了。

小张上午拜访客户，结果遭到拒绝和冷遇，心情简直糟透了，仿佛世界末日即将来临。下午下班前回到公司填工作报表，胡乱写上几笔凑合一下交差……一天就这样结束了。

平时没有花时间学习，从不好好去研究自己的产品和竞争对手的产品，没有明确的计划和目标，从不反省自己一天做了些什么，有哪些经验、教训，从不认真去想一想顾客为什么会拒绝，有没有更好的方法去解决，在工作的过程中为顾客带来的是什么样的服务和满足，当一天和尚撞一天钟，混一天算一天……这就是小张真实的工作写照。

到了月底一发工资，才这么点，真没意思，看来该换地方了，于是小张很牛气地炒了老板的鱿鱼。1年下来，他换了五六个公司。日复一日、年复一年，时间就这样耗尽了。结果是"三个一工程"：一无所获，一事无成，一穷二白。

在现实生活中，像小张这样的人到处可见。与别的同事一样，他的一天同样忙忙碌碌，但却没有收到任何成效，最后一总结工作成绩，要远远低于别人。付出同样的时间去劳动，却收获的比别人少，这就是应付了事的结果。

"应付"工作是人的思想出了问题，职业道德不健全则是品格还不够完善，即使找上100个理由也只能骗骗自己而已。

仅仅为了一日三餐工作的人是没有出息的人；拿单位薪水，不替人创造价值的则是没有道德的人。在我们马马虎虎"应付工作"的时候，实际上我们年轻的生命正在被白白地浪费，人生的价值正在急剧地"缩水"。

一个人即使是一次微不足道的错误行为，也会给以后的工作生活带来挥之不去的阴影。这种不良记录终将使他自己受到应有的惩罚。同时，一个人的这些行为也会使整个社会为之付出代价。这就是应付了事的代价。

一个人的名誉、能力要想得到社会公众长久的认同，这个人必须持续地在每一件事上都为自己负责。在我们的工作中，没有可以随意打发、糊弄的小人物、小事情，对于任何一项工作，我们都必须认真对待，不能应付了事。

人生的每一段经历都是自己书写的档案。消极工作会给老板、同事、客户留下一个不敬业，对自己、对公司不负责任的印象，即使你工作再努力，这种坏印象也无法掩饰。而这种负面影响会给我们以后的工作、生活埋下隐患。

得不偿失的急于求成

拔苗助长的故事，大家耳熟能详。庄稼的生长，是有其客观规律的，人无力强行改变这些规律，但是那个宋国人却不懂得这个道理，急功近利，急于求成，一心只想让庄稼按自己的意愿快长高，结果得不偿失，让自己所有的辛苦都付之东流。

其实，万事万物都有其自身的发展规律，我们做的所有事情也都有客观的规矩或限制，做事必须循序渐进，而不能急于求成，"大跃进"式的方法只会得到"大倒退"。

很多老一辈的人都玩过长龙的游戏。

长龙腹腔的空隙仅仅只能容纳几只半大不小的蝈蝈慢慢地爬行过去。

但若将几只蝈蝈投放进去，它们就都会困死在长龙里，无一幸免！

这是因为，蝈蝈性子太躁，除了挣扎，它们没想过用嘴巴去咬破长龙，也不知道一直向前可以从另一端爬出来。因此，尽管它们有铁钳般的嘴壳和锯齿一般的大腿，也无济于事。

再把几只同样大小的毛毛虫从龙头放进去，然后关上龙头。奇迹出现了：仅仅几分钟时间，毛毛虫就一一地从龙尾默默地爬了出来。

同样的一条长龙，为什么毛毛虫能够通过，而蝈蝈却没有？那是因为蝈蝈太急躁了，它们不能慢慢穿过长龙，而是做无用的挣扎，结果付出了比毛毛虫更多的努力，却累死在里面。

很多人就如这蝈蝈一般，他们比别人要勤奋得多，但却总是希望"一口吃个胖子"，急于求成，结果由于急于求成而丧失了成功的机会。

在物理实验中由量变到质变的现象普遍存在。例如，水平桌面上放一个物体，水平拉力从小开始慢慢地增大，物体就会从静止变成滑动，从静摩擦力变成滑动摩擦力。经过最大静摩擦力的临界状态也就变成了滑动摩擦力。被斜面上绳拴着的小球，当斜面体发生加速度运动时，在一个方向上的加速度逐渐增大的过程中，物体对斜面的压力就会逐步减少，经过压力为零的临界状态，就会离开斜面。由此可以得出，要发生质的飞跃，就要经过一定的量的积累。我们要想成功地完成一件事情，就要做好充分的准备，进行量的积累。这就是一分耕耘一分收获。

我们的人生经历也是一个从知之不多到知之较多，从知之较多到知之甚多的积累过程。既然事物的发展都是从量变开始的，为了推动事物的发展，我们做事情就必须具有脚踏实地的精神。"千里之行，始于足下"，"合抱之木，生于毫末"，"九层之台，起于垒土"，"不积跬步，无以至千里；不积细流，无以成江海"。要促成事物的质变，就必须首先做好量变的积累工作。如果不愿做脚踏实地、埋头苦干的努力，而是急于求成、拔苗助长，或者急功近利、企求"侥幸"，是不可能取得成功的。

扫码获取更多资源

第三节
成功 = 良好的方法 + 科学的勤奋

卓越的人往往是会找方法的"懒汉"

世界上卓越的人，往往是会找方法的"懒汉"。他们"懒"，是因为他们总是善于寻找省时省力而又高效的工作方法，发明与创新是他们"偷懒"的结晶。从这个意义上说，懒能够催生效率、创新、生产力甚至推进社会进步。

爱迪生在担任电报操作员时，发明了一种可以在工作时打盹的装置。当亨利·福特还是少年时，就发明了一种不必下车就能关上车门的装置。当他成为闻名于世的汽车制造商时，他仍然钟于"偷懒"的发明。他安装了一条运输带，从而减少了工人取零件的麻烦。他又发现装配线有些低，工人不得不弯腰工作，这对身体健康有极大的危害，所以他坚持把生产线提高了 20 厘米。这项"偷懒"的小发明很大程度上减轻了工人工作量，提高了生产力。

在原始社会生产力水平极为低下的情况下，人类自己成了唯一的能量来源，但人平均拥有的能量却是十分有限的。显而易见，如果光凭人力，社会是不会发展到今天的，对一个人而言更是不可想象。

人们有时会发牢骚说，那些苦命干一辈子的人，到头依然是很穷，命运是不公平的。但问题不在于公平不公平，而在于你是否能找到"偷懒"的方法，更合理地利用自身的有限资源。

那些卓越的人常常在工作时给自己提这个问题："能不能找到一个比这更简单的办法？"能在 1 个小时内办成的事情，为什么要用两个小时？如何在 1 个小时内完成，则是他们思考的所在。在工作中，将忙和效率混为一谈是不全面的，一味地忙未必能有好结果。詹姆斯·沃森说："如果你想做成一件大事业，那么你有必要降低一些工作量。"

对自己所从事的事业进行思考从而思考如何提高效率的人并不少，而在自己做学问的过程中对大众的普通反应提出质疑、进行反思得出结论的人就不多了。下面的这位韩国学生就是这样一个人。

1965 年，一位韩国学生到剑桥大学主修心理学。在喝下午茶的这段时间，他常到学校的咖啡厅或茶座听一些成功人士聊天。他们是各个领域叱咤风云的人物，这些人幽默风趣，举重若轻，把自己的成功都看得非常自然和顺理成章。时间长了，他发现，在韩国国内时，他被一些成功人士欺骗了。那些人为了让正在创业的人知难而退，普遍把自己的创业艰辛夸大，也就是说，他们在用自己的成功经历吓唬那些还没有取得成功的人。

学心理学的韩国学生将韩国成功人士的心态作为自己的研究课题。1970年，他把《成功并不像你想象的那么难》作为毕业论文，提交给现代经济心理学的创始人威尔·布雷登教授。

布雷登教授读后，大为惊喜，他认为这是个新发现，这种现象虽然在东方甚至在世界各地普遍存在，但此前还没有一个人大胆地提出来并加以研究。惊喜之余，他写信给他的剑桥校友——当时正坐在韩国政坛第1把交椅上的人——朴正熙。他在信中说，"我不敢说这部著作对你有多大的帮助，但我敢肯定它比你的任何一个政令都能产生震动。"

这本书的出版轰动了韩国，鼓舞了许多人，因为他们从一个新的角度告诉人们，成功与"劳其筋骨，饿其体肤"、"三更灯火五更鸡"、"头悬梁，锥刺股"没有必然的联系。其实，与勤奋相比较，智慧更加重要，只要你在某一领域拥有热情并能不断"偷懒"创新，自然能够成功。后来，这位青年也获得了成功，他成为韩国泛亚汽车公司的总裁。

对于卓越的人来说，不甘平庸于每一天，不甘沉浸于某一种状态。他们成为"懒汉"，不断寻找新方法新规律，找到成功的捷径。对那些"懒惰"的卓越人士来说，敢于对看似平常，看似平静如水的生活提出自己的思考，是他们的成功秘诀所在。

越战期间，美国好莱坞举行过一次募捐晚会，由于当时的反战情绪高涨，募捐晚会以1美元的收获告终，创下好莱坞的一个吉尼斯纪录。但在这次晚会上，一个叫卡塞尔的小伙子却一举成名。

当时他让大家在晚会上选一位最漂亮的姑娘，然后由他来拍卖这位姑娘的1个吻，最后他募到了难得的1美元。德国的某一猎头公司发现了这位天才，他们认为卡塞尔是棵摇钱树，谁能运用他的头脑，谁必将财源滚滚。于是，这家公司建议日渐衰微的奥格斯堡啤酒厂重金聘他为顾问。

1972年，卡塞尔移居德国，受聘于奥格斯堡啤酒厂，在那里他异想天开地开发了美容啤酒和浴用啤酒，从而使奥格斯堡啤酒厂一夜之间成为全世界销量最大的啤酒厂。

1990年，卡塞尔以德国政府顾问的身份主持拆除柏林墙，这一次，他使柏林墙的每一块砖都以收藏品的形式进入了世界上200多万个家庭和公司，创造了城墙砖售价的世界之最。

1998年，美国赌城——拉斯维加斯正上演一出拳击闹剧，泰森咬掉了霍利菲尔德的半只耳朵。出人意料的是，第2天，欧洲和美国的许多超市竟然出现了"霍氏耳朵"巧克力，其生产厂家是卡塞尔所属的特尔尼公司。这一次，卡塞尔虽因霍利菲尔德的起诉输掉了盈利额的80%，然而，他天才的商业洞察力却给他赢来年薪3000万美元的身价。

卡塞尔应休斯敦大学校长曼海姆的邀请，回母校做创业方面的演讲。在这次演讲会上，一个学生当众向他提了这么一个问题："卡塞尔先生，您能在我单腿站立的时间里，把您创业的精髓告诉我吗？"那位学生正准备抬起一只脚，卡塞尔就已答复完毕："生意场上，无论买卖大小，出卖的都是智慧。"

不仅是生意买卖，整个人生都是一个出卖智慧换取幸福的过程。机遇青睐的是有头脑有智慧的人，是智慧让一个人走向成功和卓越。

无独有偶，西方有卡塞尔这样的商业天才，而中国也有与之相媲美的"金脑袋"。

两个青年一同开山，一个把石块砸成石子运到路边，卖给建房的人；一个直接把石块卖给花鸟商人。因为这儿的石头奇形怪状，他认为卖重量不如卖造型。3年后，他成为村里第1个盖起瓦房的人。

后来，不许开山，只许种树，于是这儿成了果园。这儿的梨汁浓肉脆，纯美无比。堆积如山的鸭梨被成筐成筐地运往北京和上海，然后再发往韩国和日本。就在村里人为鸭梨带来的小康生活而欢呼雀跃时，曾经把石头卖给花鸟商人的那个青年卖掉果树，开始种柳树。因为他发现，来这儿的客商不愁买不到好梨，只愁买不到盛梨的筐子。5年后，他成为第1个在城里买房的人。

再后来，一条铁路从这儿贯穿南北。小村对外开放，果农也由单一的卖果开始谈论果品的加工及市场开发。就在一些人开始集资办厂的时候，这个村民在他的地头砌了一座3米高100米长的墙。坐火车经过这儿的人，在欣赏盛开的梨花时，会看到4个大字——"可口可乐"。据说这是25万米山川中唯一的一个广告。那墙的主人凭着这墙，每年有4万元的额外收入，他也因此第1个走出了小村。

20世纪90年代末，日本丰田公司一高层主管来华考察。当他坐火车路过这个小山村听到这个故事时，他被主人公罕见的商业化头脑所震惊，当即决定下车寻找这个人。当主管找到这个人的时候，他正在自己的店门口跟对门的店主吵架，因为当他店里的一套西装标价800元时，同样的西装对门就标价750元；他标价750元时，对门就标价700元。1个月下来，他仅仅卖出8套西装，而对门却批发出800套。主管看到这情形，以为被讲故事的人骗了。

但当主管弄清楚事情的真相后，立即决定以百万年薪聘请他，因为对门那个店，也是他的。

如果单论勤奋，那个青年不一定是最勤奋的，但为什么他却能够在小村子里脱颖而出？关键在于他的智慧。一个善于开启智慧头脑的人，一定是个善于发现机会和勇于开拓的人。运用智慧的人，比只会埋头苦干，不善思考的人更受欢迎。

看了这么多卓越人物的故事，我们自然就会发现那些成功者成功的关键——偷懒，用智慧代替埋头苦干。

不为解决问题而延长工作时间

很多人似乎总有做不完的工作，整天都非常繁忙，他们也常常为了完成任务而拼命加班，但是却没有什么成效。

　　延长时间来工作，是一种错误的方法。工作不是固体，它像是一种气体，会自动膨胀，并填满多余的空间。因此，时间管理专家并不鼓励你为解决问题而延长工作时间。例如，一个计划到下班时还没写完，也许你会自然地对自己说："我会在晚上把它写完。"因为你把晚上当作了白天的延伸。这不仅影响家庭和社会生活，它还会降低工作效率，而你则成了整个事件中唯一的受害者。

　　只知道延长工作时间，整天像一只无头苍蝇一样忙个不停的人是不会有高效率的，我们来看一下发生在民生银行的一位名叫方华的新职员身上的事情就会明白这一点。

　　方华是某一银行业务部门的一名新职员，由于刚接手新工作，一时还未掌握正确的工作方法，所以工作起来感到特别吃力，经常加班，但任务仍然无法如期完成。眼看业绩考核的日期就要到了，任务量还差一大截，万般无奈的她来到了人力资源部主管心理咨询方面的王经理的办公室。

　　"怎么了，需要我帮什么忙吗？"看到方华一脸忧虑地进来，王经理热情地问道。

　　"是这样的，王经理，"方华好像不知道该说什么，"我总是觉得自己有点不对劲，可又不知道到底是哪里出了问题。"

　　"那你可以告诉我究竟有什么不对劲的吗？"王经理笑眯眯地说。

　　"我的上司总是觉得我做事不够认真，可实际上，我常常加班来完成工作，即使这样，他还是觉得我速度太慢。"方华满腹委屈地说。

　　"怎么会这样呢？"多年的咨询经验告诉王经理，"多提问，少插嘴"是提供有效咨询的关键。

　　"上个星期五下班之前，我的上司跟我谈了一次话，希望我能够在工作上更加认真一些。他说我最近写的两份关于液压器市场情况的报告都不是很理想，有很多问题都没有涉及，而且搜集的资料也不够全面。"

　　"所以这个星期一开始，当他交代我起草一份销售计划书的时候，我就暗下决心要努力把这件事情做好。"

"你是怎么做的呢？"王经理鼓励方华继续说下去。

"我首先决定到网上找一份标准的销售计划书样本，要知道，虽然我已经帮上司起草过很多份报告，可销售计划书我还是第1次写。"

"哦，听起来并没有什么不对的啊？为什么你会觉得不正常呢？"王经理接着问道。

"我知道这样做并没有什么不对，可问题是，搜索计划书样本用去了整整一天的时间。"

"用去了一天时间？"王经理惊讶地叫了起来，但另一方面，他也好像明白方华的问题究竟出在什么地方了。

"你知道，王经理，对于我们很多人来说，早晨到办公室的第1件工作就是打开计算机。"方华不解地看着王经理说。

"没错，"王经理说，"我会首先查一下我的邮箱，看看有没有重要的邮件要回。"

"是的，我也一样。大约在9点40分的时候，我终于回复完了邮件，然后……"

"什么？你用了40分钟时间回复邮件？"王经理不禁又一次惊讶地叫了起来，"好像只有高级经理和销售员才会用这么长时间回复邮件。"

"其实很多邮件都是不用马上回的，只不过我觉得及时回复是一种礼貌。然后我又帮小李翻译了一小段文章，你知道，小李的英语并不是很好。"

"就这样，当我正要坐下来，准备专心寻找计划书样本的时候，我发现办公室的饮水机里已经没水了，于是我只好打电话叫人送水，并在放下电话之后把自己的办公桌稍微整理一下。"

"这些听起来好像并不是你的工作。"王经理不禁皱起眉头。

"是的，可我觉得做这些事情并不需要花费多少时间。"

…………

虽说这些事看起来不需要花费很多时间，可实际上，正是因为方华没有时间观念，在工作中延长时间，没有效率，结果造成了这么多的烦恼。

熟悉安德鲁·伯利蒂奥的人都会说："看，安德鲁·伯利蒂奥真是太会珍惜时间了！"人们都知道，为了能成为一名出色的建筑师，他拼命地想要抓住每一秒钟的时间。

每天，他把大量的时间用在设计和研究上，除此之外他还负责很多方面的事务。每个人都知道他是个大忙人。他风尘仆仆地从一个地方赶到另一个地方，因为他太负责了，以至于不放心任何人，每一个工作都要自己亲自参与了才放心。时间长了，他自己也感觉到很累。

其实，在他的时间里，有很大一部分时间都浪费在管理其他乱七八糟的事情上。无形中，他增加了自己的工作量。

有人问他："为什么你的时间总是显得不够用呢？"他笑着说："因为我要管的事情太多了！"

后来，一位教授见他整天忙得晕头转向，但仍然没有取得令人骄傲的成绩，便语重心长地对他说："人大可不必那样忙！"

"人大可不必那样忙！"这句话给了他很大的启发，就在他听到这句话的一瞬间，他醒悟了。他发现自己虽然整天都在忙，但所做的真正有价值的事实在是太少了！这样做对实现自己的目标不但没有帮助，反而限制了自己的发展。

大梦初醒的安德鲁除去了那些偏离主方向的事务，把时间用在更有价值的事情上。很快，他的一部传世之作《建筑学四书》问世了。该书至今仍被许多建筑师们奉为《圣经》。

安德鲁的成功只是因为一句话："人大可不必那样忙！"不要再单纯地只为了忙碌而忙碌，停下来思考一下自己是否有忙碌的必要，看看自己是否可以节省下忙碌的时间，找到一种更加轻松而有效的工作方法。

表现自己和行动起来同样重要

美丽的孔雀，通常都把它华丽的尾巴展现给世人；精明的商人，总是先用漂亮的包装吸引顾客，引起他们的购买欲望。威廉·漫特尔说：

"自我表现是人类天性中最主要的因素。"人类喜欢表现自己就像孔雀喜欢炫耀自己美丽的尾巴一样正常。

然而，中国的传统观念却屏蔽了这种本性，人们过于讲究谦虚的品质，信奉"酒香不怕巷子深"，把"含而不露"看作一种美德，辛辛苦苦做了很多工作，取得了很大成绩，却不能自己说，要由别人来发现，相信是金子总有发光的那一天；无论有多么渊博的知识，多么惊人的才华，也只能说自己"才疏学浅"。

"千里马常有，而伯乐不常有"，谦虚者的命运通常是一辈子都遇不到一个伯乐，永远得不到出人头地的机会。在这个人人争夺生存空间的社会，不善表现，再多努力都是白费。要学会主动站到台前亮相，善于炒作自己，这样才有成功的机会。

看看我们周围的谦虚者，他们不善言辞，不愿意出风头，不会表现自己；他们只喜欢埋头苦干，认为行动可以说明一切，但是他们错了。假如你前7个小时59分钟都在努力工作，但是别人都不知道，而最后1分钟你伸个懒腰正巧被上司看见，那你就是一个懒惰的职员了。因为你不知道表现自己，从没让上司看到过你的努力。上司从此认为你懒惰，认为你无能，即使你再努力，又有什么前途呢？

有这样一则寓言。

一户人家养了一条狗、一只猫。

狗非常勤快。主人家中无人时，它便会竖起两只耳朵，虎视眈眈地巡视在主人家周围，哪怕有一丁点儿的动静，狗也要狂吠着疾奔过去，就像一名恪尽职守的警察，兢兢业业地为主人家做着看家护院的工作。但是当主人家有人时，它的精神便会稍稍放松，有时还会伏地沉睡。结果，在主人的眼里，这只狗都是懒惰的，极不称职的，便经常不喂饱它，更别提奖赏它好吃的了。

猫却非常懒惰。每当家中无人时，它便伏地大睡，即使三五成群的老鼠在主人家中肆虐，它也懒得理。睡好了，就到处散散步，活动活动身子骨。但猫很精明，主人在家时，它便这儿瞅瞅那儿望望，好像一名恪尽职守的警察，时不时地，它还要去给主人舔舔脚、逗逗趣。所以，在主人的眼中，这无疑是一只极勤快、恪尽职守的猫。好吃的自然给了它。

由于猫的渎职，主人家的耗子越来越多，终于有一天，耗子将主人最珍爱的字画咬坏了，主人非常震怒。他召集家人说："你们看看，我们家的猫这样勤快，而耗子依然猖狂到了这种地步，我认为一个重要的原因就是那只懒狗，它整天睡觉也不帮猫捉几只耗子。我郑重宣布，将狗赶出家门，再养一只猫。大家意见如何？"家人纷纷附和说，这只狗是够懒的，每天只知道睡觉，你看猫，每天多勤快，抓耗子吃得多胖，都有些走不动了。是该将狗赶走，再养一只猫。

于是，狗便这样被赶出了家门。在它身后那只肥猫得意地笑着。

在工作中，有些人就像那只狗一样性格比较低调，默默无闻地做了很多事别人却看不到，结果付出很多却一直得不到赏识；而另一些人则像猫一样精明，善于表现自己，不用付出很多的努力却可以步步高升。看来，一味地埋头苦干是不足取的。现代社会是开放的社会，一个人想在事业上有所作为，必须善于抓住机会。而机会不会摆在你面前，要靠你自己去争取，这就需要你时时表现自己，否则，即使是一匹千里马，不奔跑起来让伯乐看到，也无法被发现。

所以，表现自己是很重要的，一味地埋头苦干，就等于自己埋没了自己的才华，放弃了近在眼前的机会。

小张大学毕业后便进入一家软件公司工作，但进入公司五六年了，却一直没有被重用。为此小张十分不满，他总是对朋友大吐苦水，抱怨自己怀才不遇。

"如果你是一颗钻石，你应该自己发光，不要等别人来磨亮你！要知道，每个人都会注意到发光的玻璃，却不会去注意蒙尘的钻石！"他的朋友这样劝诫他。

对于表现自我，台湾作家黄明坚有一个形象的比喻："做完蛋糕要记得裱花，有很多做好的蛋糕，因为看起来不够漂亮，所以卖不出去，但是在上面涂满奶油，裱上美丽的花朵，人们自然就会喜欢来买。"

一个人要想得到重用，就要把"亮点"呈现出来，让人留意并动心。

在这样一个快节奏、高效率的时代，需要的是干脆利落、敢作敢为的作风。实事求是地宣传自己：我做过哪些工作，取得过什么样的成绩，在哪些方面非常擅长。这样做，就是为你的努力加上了标签，让人一目了然。

随着社会发展的加快，知识更新的步伐简直可以用日新月异来形容。现代社会，人们的才能和精力都受时间的制约。错过了时机，知识就会贬值，精力就会衰退。如果我们不能在自己的黄金时代，抓住机会，大胆地、主动地贡献出自己的聪明才智，而总是"藏而不露"，就会贻误时机。而且，现代社会人才济济，你若还是"犹抱琵琶半遮面"，不善于表现自我，那么，有谁还愿意放着能人不用，花时间来考察了解你呢？而且，既然存在着竞争，对于机会，别人就不会同你谦让。不善表现，你做得再多都是白费。

善于表现，是把内在的本质外在化，精神的东西物质化，有用的经验公开化。也就是说，有实力也要懂得如何表现出来，让别人看到并引起重视。这样，你才有发挥才能、实现人生梦想的机会。

霍伊拉说："如果你具有优异的才能，但却没有把它表现在外，这就如同把货物藏于仓库的商人，顾客不知道你的货色，如何叫他掏腰包？"

所以，要想使你的努力"物有所值"，甚至"物超所值"，一定要把自己最精彩的东西通过最精彩的方式亮出来，让人看见，让人喜爱，并愿意付出相当价值来获得。这样，成功便在你的前方向你招手。

工作中"脑袋"比"手脚"更重要

有这样一则寓言故事，在这个故事里面，全世界只有4个人——

4个20岁的年轻人去银行贷款。银行答应借给他们每人一笔巨款，条件是他们必须在50年内还清本息。

第1个年轻人先挥霍了25年，用生命最后的25年努力工作偿还，结果他活到70岁仍一事无成，死去时仍然负债累累。他的名字叫"奢侈"。

第2个年轻人用前25年拼命工作，50岁时他还清了所有的欠款，但是那一天他却累倒了，不久就死了。他的遗照旁放着一个小牌，上面写着他的名字"勤劳"。

第3个年轻人在70岁时还清了债务，然后没过几天他也去世了，他的死亡通知上写着他的名字"执着"。

第4个年轻人工作了30年，50岁时他还完了所有的债务。生命的最后20年，他成了一个冒险家，地球上的许多国家他都去过了。70岁死去的时候，他面带微笑。人们至今都记得他的名字——"智慧"。

这4个年轻人所贷的巨款就是时间，而当年贷款给他们的那家银行叫"生命银行"。

这则寓言隐喻了4种人生态度——奢侈、勤劳、执着和智慧，而真正获得幸福的只有智慧。奢侈与执着不必说，勤劳不当也不会得到正确的回报。

在生活中，这样的例子并不少见。同样是在工作，有些人勤勤恳恳、循规蹈矩，但终其一生也成就不大；而有的人却在努力寻找一种最佳的方法，在有限的条件中发挥才智的作用，将工作做到最完美。同样是在解决难题，一味埋首苦干的人年复一年，机械地重复着手边的工作，没有变化的工作让人生乏味无比。相反，聪明的人会借着问题，找到更加便捷的工作方法，自己也可"一劳永逸"。

而这种"一劳永逸"也往往是发明创造的开始。世上绝大多数的新科技都是发明家们忍受不了日复一日、年复一年的辛苦劳作所发明的，他们在工作中总会找到更轻松、更快捷、更便宜、更简单和更安全的法子，从而减轻工作的压力，提高工作效率。

曾经有一个偏远的小山村，村里除了雨水之外，没有任何水源。为了解决这个问题，村主任决定签订一份送水合同，以便每天都能有人把水送到村子里。有两个人愿意接受这份工作，于是村主任把这份合同同时给了这两个人。

其中一个叫萨曼的人非常勤劳，他接到合同后立刻行动起来，每日奔波于1.5千米外的小河和村庄之间，用他的两只桶从河中打水并运回村子，并把打来的水倒在由村民们修建的一个结实的大蓄水池中。每天早晨他都比其他村民起得早，以便当村民需要用水时，蓄水池中已有足够的水供他们使用。由于起早贪黑地工作，萨曼很快就开始挣钱了。尽管这是一项相当艰苦的工作，但是萨曼很高兴，因为他得到了很大的酬劳，并且他对自己的工作方式感到非常满意。

另外一个获得合同的人叫迈克。令人奇怪的是，自从签订合同后迈克就消失了，几个月来，人们一直没有见过迈克。这点令萨曼幸灾乐祸，由于没人与他竞争，他挣到了所有的水钱。

迈克干什么去了？他在脑中先形成了一套工作方案，并找到了4位志同道合的投资者，一起开了一家公司。6个月后，迈克带着一个施工队和一笔投资回到了村庄。花了整整1年的时间，迈克的施工队修建了一条从村庄通往小河的大容量的不锈钢管道。

这个村庄需要水，其他有类似环境的村庄一定也需要水。于是他重新制订了他的方案，开始向全国甚至全世界的村庄推销他的快速、大容量、低成本并且卫生的送水系统，每送出一桶水他只赚1美分，但是每天他能送几十万桶水。这样，迈克只需轻轻松松坐在办公室里，便可每天净获上万美元的收益。

从此以后，迈克轻松而愉快地工作和生活着，而萨曼在他的余生里仍拼命地工作，但他依然没有改变自己的境遇。

迈克的成功在于他肯动脑筋，聪明地找到了工作的方法；而萨曼虽然很努力，却不会运用上天所赋予的智慧，他的勤奋因而变得很"廉价"。

或许有些人认为在工作中找方法和捷径是懒惰人的做法，甚至会偏激地把其指责为投机取巧。在他们的观念中，只有埋头苦干，才能多劳多得。

"我每天都卖力地工作12个小时。"这是他们的一句典型夸耀。

努力工作本身并没有什么错，但人的精力是有限的，努力的程度也是有限度的。

如果你在 1 小时之内完成一件事，你也可以在两小时之内完成两件类似的事情，但你每天至多能完成 12 件事，这便是你一天的工作成果。但如果你的目标是 100 万件类似的事情呢？如果你想成就一番事业，拥有自己的事业王国，你就需要用新的方式来替换"12 小时工作制"这种埋头苦干的方式。这就需要聪明地去寻找工作方法和捷径。

人类的劳动可分为两种。一种是创造性劳动，一种是重复性劳动。创造性劳动是先进生产力的代表，重复性劳动是创造性劳动的再现。未来的重复性劳动将越来越多地被机器人所取代，未来的人类将越来越多地从事创造性劳动；而创造性工作需要我们聪明地工作，而不是一味埋首苦干。

人的创造力是释放资源价值的一把钥匙。自然界的物质资源只有靠人的创造力去认识、理解和开发、利用，才能实现其价值。离开人的创造力，一切资源都等于零。而寻找到这把钥匙的关键是去聪明地工作，在工作中不断发现你的新智慧和新创意，找出更多、更简捷的工作方法。

效果比努力更重要

曾经，我们崇尚一种精神——任劳任怨、勤勤恳恳的"老黄牛"精神。只要工作中勤奋肯干，即使工作结果不理想，也会受到人们的肯定和嘉奖，因为"他已经尽力了，整个工作过程数他最勤奋"。

但是现在，我们更重视的是结果，如何最大限度地提高工作效率和产生更加优秀的工作成果。没有什么比忙忙碌碌更容易，没有什么比事半功倍更难。这一理念强调以效益为核心，没有效率的忙是"穷忙"、"瞎忙"！

所以，我们在工作和生活中，应当转变观念，把注意力集中到效果上，而非过程中。

现在，许多人在工作当中都有这样一种心理。

"看看别人是怎么做的，我学着做就行了。"

"只要把这些做好就行了，何必那么认真呢，大家不都一样吗？"

"不管怎么样，这件事一定要做得漂亮、风光，其他的不用管了。"

很多过分重视过程的人，只是将过程变成对工作本身的一种肤浅掩饰和美化，为自己加上一层"勤奋"的荣誉。

如此一来，工作更多地变成了一种形式，人们都在竞相做着表面文章，而实际上却无任何有益的东西在里边。

那些光知道苦干、穷忙的人，越来越得不到认可。社会正越来越认可一个新的理念：把注意力集中到效果上，工作要讲求效率和效益。

不仅要努力做事，更要做成事！我们强调的是结果、效果，而不是过程。

将注意力集中到效果上的人，往往具有先见之明，他们的成长也比别人迅速。能够主动掌控工作进度，成为"工作的主人"，这才算是真正地"发挥个性"。有了先见之明，也就可以游刃有余了。

时间管理专家尤金·葛里斯曼在一所大学担任系主任时，一个全国性机构邀请他在他们的年度会议上发表论文，他花费了相当多的时间和精力，但最终结果却令他非常失望和不满——出席会议总共只有4个人。有了这次教训，他决定绝不再轻易答应任何事情。不久，同一机构又邀请他把当时要发表的论文刊登在一份不起眼的期刊上，这次他拒绝了。他觉得做这样没有效果的事，是在浪费自己的生命。

很多人在工作中总爱为自己寻找道理。但要清楚道理最终是为效果服务的。没有效果的道理又有什么意义呢？

所以，在做某一件事情时，我们不要将太多时间和精力浪费在寻找道理上。只要你将事情做得很圆满，结果令人满意，你的工作自然会符合某种道理。不要让道理的条条框框束缚了你的思维，也就是说：有效果的同时也一定会有道理。

如果你能真正地理解并运用这个前提假设，你的人生将会有更大的灵活性，从而获得更好的人生效果。

无论进入什么行业，无论从事何种职业，做就要有实实在在的效果和成绩。只会用"勤奋"敷衍效果的人永远无法取得成功。

你正在从事的职业和手头的工作，是你事业之花的土壤，就算你把周围打扮得再漂亮，土壤缺少养料也是不会枝繁叶茂开花结果的。只有将那些实实在在的工作做得比别人更完美、更正确，才有可能将寻常和普通变成非凡；将注意力集中到效果上并调动全部智力，才能获得人生价值的提升，最终实现个人梦想。

第二章

修炼自我，增加勤奋的内存

第四节
认识自我，
找到自己的正确位置

人生悲剧不在于勤奋却没有所成，而在于不了解自己

人，最难的就是了解自己。

很久以前，在希腊流传着这样一则神话。

古希腊维奥蒂亚境内的底比斯城，来了一只狮身人面的怪兽，被人们称为斯芬克斯。它站在山顶上，用宙斯传授的谜语为难人。人如果猜不中这则谜语，就要被它吃掉；若是猜中了，斯芬克斯就自杀。这则谜语是这样的：有一种动物，早晨是 4 条腿，中午只有 2 条腿，而到晚上却有 3 条腿，这是何物？许多人因猜不中谜语，被怪兽吃掉了。后来，城外来了一个名叫奥狄浦斯的青年，指出谜底是"人"。因为人在婴儿时期，牙牙学语，匍匐爬行，用 4 只脚走路；慢慢长大，年英俊，青年潇洒，中年如日中天，只用两脚走路；而到年迈体衰，老态龙钟，需拄杖而行，则变成了 3 条腿。奥狄浦斯猜中了此谜，斯芬克斯随即自杀。为什么这样一个看来很简单的谜题，许多人都猜不中，被迫葬身于狮身人面怪兽的腹中？可见人认识自己之难。

在希腊一座古老的神庙上，镌刻着这样一句话："认识你自己。"

每当游人来到这里，都要驻足凝思，玩味这句话的深刻含意。

"我是谁？"如果我们试着问自己，那么许多人的答案都是一个大大的问号。

随着文明的发展和进步，我们不断地了解未知世界，可我们对自身的探索却始终停滞不前。

了解自己，才能认识整个世界，也才能接受世间的一切。我们经常企图通过别人的评价来了解自己。可是，无论别人的推心置腹显得多么美好，从事物本身的性质来讲，人们都应当是自己最好的知己。

人是必须认识自己的，即使这无助于发现真理，但至少将有助于规范自己的生活，没有比这更为正确的了。如果我们连自己都不认识，那么我们就变成了瞎子。即使我们拥有再多的真理和知识，都是枉然，无助于我们真正认识我们生存的世界的真正面貌。

很多人辛劳一生，见识无数，但却未能认识自我，不知道能够做什么，找不到自己的优势，结果所做的一切都变成了"瞎忙"，庸庸碌碌一生。

客观地认识自己当然是困难的，然而作为一个不甘平庸、想成就一番事业的人，对自己先要有个正确的认识，是一个起码的要求。你可能解不出那样多的数学难题或记不住那样多的英文单词、成语，但你在处理事务方面却有特殊的本领，能知人善任，排解纠纷，有高超的组织能力；你在物理和化学方面也许差一些，但写小说、诗歌是能手；也许你分辨音律的能力不行，但有一双极其灵巧的手；也许你连一张桌子也画不像，但有一副动人的歌喉；也许你不善于下棋，但有过人的智力。在认识到自己长处的前提下，如果你能扬长避短、认准目标，抓紧时间把一件工作或一门学问刻苦、认真地做下去，久而久之，自然会结出丰硕的成果。

认清了自我，就会知道自己究竟处在一个什么样的位置，可以做些什么。

另外，道格拉斯·玛拉赫曾经写过这样一则小诗告诉我们。

如果你不能成为山顶上的高松，那就当一棵山谷里的小树吧——

但要当棵溪边最好的小树。

如果你不能成为一棵大树，那就当一丛小灌木；如果你不能当成为一丛小灌木，那就当一片小草地。

如果你不能成为一只麝香鹿，那就当尾小鲈鱼——但要当湖里最活泼的小鲈鱼。

我们不能全是船长，必须也有人当水手。

有许多事需要我们去做，有大事，有小事，但最重要的是我们身旁的事。

如果你不能成为大道，那就当一条小路。

如果你不能成为太阳，那就当一颗星星。

决定成败的不是尺寸的大小，而是做一个最好的你。

这个世界总有一个为我们所设的位置，我们所要做的就是认识它、发现它。

人生最大的悲剧与不幸，不在于勤奋却未有所成，而在于我们不知道自己有什么样的能力，应该做什么！当你了解了自己，就等于打开了通往成功之路的大门。

你比想象中的自己还要伟大

一个人一生中可以担当很多位置，但是，只有一种位置能真正的让你成功，这就是做你自己。鱼儿从来不会因为游泳而劳累，鸟儿从来不会因为飞翔而厌倦，花儿从来不会因为盛开而疲惫，因为它们找准了自己的位置。

每个人在世界上都有一个位置，而且是独一无二的，正如世界上没有两片完全相同的树叶。尽管我们知道历史上从来没有完全像我们一样的人存在过，但我们总是习惯站在别人的角度来衡量自己。我们把他们作为标准来衡量我们的成功，我们常常在报纸上读到某人取得了伟大的成就，然后很快就发现他们的年龄超过了我们，因此我们至少得到了一点暂时的安慰：我也有可能取得同样的成功。结果，得来的是"犹抱琵琶半遮面"，给自我认识蒙上了一层面纱。

著名的爱尔兰戏剧家王尔德曾经说过："那些自称了解自己的人，都是肤浅的人。"这的确是不可争辩的事实，因为对每个人来说，要想完全了解自己，并不是一件容易的事情。

我们在这个世界上最难认清的是自己，因为我们根本不知道别人在生活中的目标与动力以及别人独一无二的能力。别人有别人的才干，我们有我们的才干。有人可能认为才干就是音乐、艺术或智力方面的天赋，但实际上，人人都有奇妙的仍被忽视的才干，比如激情、耐心、幽默、善解人意、交际才能等，它们是帮助我们取得成功的强有力的工具。

要揭开这层面纱，认清"我"自己，就需要有一套方法，下面介绍 3 种方法以供参考。

1. 用实际成果检验自我

这种方法有比较客观的事实作为依据，自己所做出来的工作往往会暴露出很多东西，如自己的优势、缺点等，在大量工作的基础上，我们就像给自己树立了一个坐标，将我们所应处于的位置都指向了那个坐标。所以通常因此而建立的自我印象也是比较正确的。这里所指的工作是广义的，并不仅限于课业或生产性的行为。

2. 在比较中认识自我

想要了解自己，与别人相比较，是一种最简便、有效的途径。但这种比较法，是将我们处于中心点，把别人当作参照物，而不是站在别人的位置上衡量自我。每当我们需要反躬自问"我在某方面的情况怎样"时，就很自然地使用这种方法，去判定自己的位置与形象。

我们除了要不时和四周的人相比较之外，还会经常与某些理想的标准相比较。从父母、教师以及各种传播渠道，我们获得了大量的知识与价值观念，并由此融合而成了若干的理想与模范标准。我们知道了很多名人或成功者的事迹，并被教导要以他们为榜样。也就是说，把他们作为比较的对象，以自己能否达到他们那样的标准作为成功或失败的衡量尺度。

3. 将人际态度当作一面镜子

我们因为看不见自己的面貌，就得照镜子；同样，我们无法准确地衡量自己的人格品质和行为时，就得利用别人对我们的态度和反应，来进行自我判断。

但是，"镜子"也会有扭曲图像的时候。由别人的态度反映出来的自我印象，有时也难免被有意歪曲或夸张。由于对方的偏见或是缺乏了解，使其在赞美或批评时，常常与当事者本身的情况不尽相符。如果单纯据此来建立自我印象，自然是不适宜的。

这就需要我们多用几面镜子，来看清自己。看看多数人对自己的反应，一般情况下，是有助于自我了解的。

其实，以上 3 种方法都是借助外物的帮助来衡量自我，但更重要的是要看重自己的内心，相信自我：

你比你想象中的自己还要伟大。所以，要将自我的思想提高到真正的高度，绝不要看轻自己。

你自己想要创造多大的价值，取得多大的成就，你就得树立多大的志向、多大的理想。成就伟大的事业与鼠目寸光是格格不入的。许多人一事无成，就是因为他低估了自己的能力，妄自菲薄，以至于缩小了自己的成就。

做最好的自己是你唯一的任务

有一个流浪汉特别自卑，他认为自己一无所有，活在这个世上毫无意义。因而，他向一位智者请教如何才能幸福。智者指着一块普通的石头说："你把它拿到集市上去卖，但无论谁要买你都不要卖。"

流浪汉来到集市上，将那块普通的石头摆在地上等待买主。刚开始无人问津，直到天渐渐变黑了，才有一个人想花 1 两银子买走他的这块普通的石头，但流浪汉牢记智者的话，没有把石头卖出去。

流浪汉高兴地回到家，将一天的情形告诉了智者。智者含笑不语，他告诉流浪汉，明天拿着石头到古玩市场去卖。

第2天，流浪汉来到古玩市场，这次有好多人围过来看这块石头，纷纷出价想买走这块石头，但无论他们出多高的价，流浪汉都不卖。最后，有人竟出到100两银子。

第3天，按照智者的吩咐，流浪汉将石头拿到玉石市场，这次有人竟出500两银子欲购这块石头，流浪汉还是不卖。甚至于到了最后，石头的价格已经比珠宝的价格还高了。

流浪汉不再感觉自己活得毫无意义，他感到只要自己想活得幸福就一定能实现这个目标。

每个人的本性中都隐藏着潜能，我们需要的是找到自己的信心和潜力。这就是这则故事的寓意所在。

要想找到自己的潜能矿藏获取事业的成功，必须拥有坚定的自信，有了它，你的潜能才可以取之不尽，用之不竭。一个没有自信心的人，无论有多大的潜能，都无法开发利用，也就不能抓住任何机会。

如果你已经有了合适的发展条件，而且坚信自己的力量确实能胜任，就应该立刻打定主意，不要再有丝毫动摇。即使你遭遇一些困难和阻力，也不要想到后退。只有这样，才能完全发挥你的潜能，取得成功。

奥利夫·温德尔·哈默斯说："美国最大的悲剧不是自然资源的浪费，虽然那也是很严重的，而是人力资源的浪费。"哈默斯先生指出，普通人总是带着从未演奏过的乐章走进坟墓，不幸的是那些乐章往往是最美妙的旋律。

从未发现自己的潜力是人生最大的遗憾。正如一位作家所说："1角硬币和20美元的金币若沉在海底的话，毫无区别。"它们的价值区别，只有当你将他们捞起来并使用时才显现出来。同样，只有当你深刻地认识了自己并发挥你无穷的潜力时，你的价值和才能才是真实的、才被实现。

除了自信，你还需要良好的思维。它能帮助你更好地发挥你的潜力，找到你内心的油井和金矿。你应该尽力使自己更高的天赋被派上用场，千万别怀疑你的能力，它似在弦之箭只待发射。用好了你的才能，你就不再是聪明而身无分文，而是聪明又富有。

罗宾认为："对于自己所不具有的才能，你无须忧心忡忡。只要挖掘自己所具有的就行了。"

曾经有一个一无所有的穷光蛋到雅典的一家银行去求职当门房。

"会写字吗？"银行经理问道。

"我只会写自己的名字。"这个穷光蛋回答。

因此他与这份工作无缘——于是他借了一笔路费坐统舱来到美国。

许多年以后，一位重要的希腊巨商在他位于华尔街的漂亮办公室里举行记者招待会。快结束时，一位记者说："你应该把回忆录写出来。"

那位巨商笑了笑。"不行啊，"他说，"我不会写字。"

记者大吃一惊，"天哪，"他感叹道，"要是你会写字的话，想想你会比现在还要发达多少！"

巨商摇摇头说："要是我会写字的话，我就会一直给人家看大门了。"原来他就是那个曾经一无所有的穷光蛋。

竞争的时代不仅是才能的竞争，更是个性的竞争。那个希腊人正是清楚自己的独特之处，了解自己潜在的优势，才能够功成名就。人们都应该认真地剖析自我、确认自我，勇敢地摔打自我，尽力开发出自我的价值，使自己真正成为自己。

适合某人穿的鞋，让另一个人穿可能就会痛苦不堪，生活没有放之四海皆准的良方，每个人都有自成一体的生活模式，都在以自己的方式寻找着一条属于自己的道路。心理学家卡尔·罗杰斯说过："人最想达到的目标，以及自觉不自觉地追求的终点，乃是要变成他自己。"

这是一位少年曾经经历的生活。

6岁时，一位黑人主教跟他一起玩了半天。他觉得这位大人对他最好，认为黑人是最优秀的人种。

8岁那年，他有一个奇怪的嗜好，喜欢问父亲的朋友有多少财产，大部分人都被他吓了一跳，只好昏头昏脑地告诉他。

上小学时，他经常偷看大姐的情书，但从来没有被发觉。

他天生患有哮喘病，这个病一直折磨着他。他对很多东西都很恐惧，比如大海。

由于没有耐性，他成了牛津大学的肄业生。

老师问他拿破仑是哪国人，他觉得有诈，自作聪明地以荷兰人作答，结果遭到了不准吃晚饭的惩罚。

他总觉得自己是天才，但是测试智商后，却是一个普通人。

这是一位伟大人物的传奇经历：

他一生朋友无数，他曾列了一个有 50 个名字的挚友清单，上面有美国国防部部长、纽约的著名律师、报刊总编以及女房东、农场的邻居、贫民区的医生，等等。

第二次世界大战期间，在他 31 岁时，他服务于英国情报局，当了几年的间谍。

38 岁时，没有文凭的他，以 6000 美元起家，创办了全球最大的广告公司，年营业额达数十亿美元。

他曾自嘲："只要比竞争对手活得长，你就赢了。"他活了 88 岁。

他一生都不安分，大学没读完，就跑到巴黎当厨师，继而卖厨具，到美国好莱坞做调查员，随后又当间谍、农民和广告人，晚年隐居于法国的古堡内。

他拥有异想天开的想象力，设计了无数优秀的广告创意。

他说："永远不要把财富和头脑混为一谈，一个人赚很多钱和他的头脑没有多大关系。"

令人难以想象的是，这两段迥然不同的人生经历竟然出于同一人。这个人就是奥美广告公司的创始人大卫·奥格威。我们不禁感叹，一个人竟然可以有如此巨大的潜力，从一个笨拙的少年成长为一位伟人，这就是潜力的魔力。

一个人如果走进了成功的误区，怀抱着所谓的成功法则，踩着成功人士的脚印，小心翼翼地向前迈进。结果就是没有靠近理想，反而越走越远。

我们要想挖掘自己的潜能矿藏，找到属于自己的成功之路，就应该顺从自己的个性，并将自己的特点（优点）发挥得淋漓尽致。成功的人生，就是贴近自己的心灵，倾听内心的声音，做自己生命的主人。

不要用别人的言语来"迫害"自己

今天，人们更注重从自己的兴趣特长出发，选择自己的人生方向。这种选择的过程就是一种决策过程，是将个人特点与事业需求最大限度地相匹配的过程。就像世上没有两片完全相同的树叶一样，世上也没有完全相同的两个人。每个人都具有独特的、与众不同的心理特点，也总存在着一些更适于他做的事业。

以前，人们认为："只要功夫深，铁杵磨成针。"只要勤奋努力，任何困难都压不倒我们，成功是必然的。显然，从现在来看，这种观点是站不住脚的。一个色盲的人要成为画家是不可能的。人的个性特征决定了他可能在某些领域会比较出色，而另外一些领域则不适合。例如，对于一个思维敏捷、长于言谈、性格外向、喜好与人交往、有感染力的人来说，他既可能在政治领域中获得成功，成为一位出色的政治家；他也可能在经济领域中获得成功，成为一位有名的企业家，但若让他搞科研、做学者则会非常困难。

因此，可以这样认为：对于大多数人来说，总有一些事业更适合他的特点；对于大多数事业来说，也总有一些更适于承担的人。因此，为了获得人生的成功，有必要更多地了解和更准确地认识自己的心理特点，更多地了解自己的长处和短处。

但是，我们在生活中却很难认清自我，因为我们常常会被别人的评论所迷惑，被别人的言论所左右。

生活中，我们常常很在意自己在别人的眼里究竟是一个什么样的形象，因此，别人的话语往往成为我们的"圣旨"，使我们轻易改变自己的人生道路，结果抱憾终身。

一个人是否实现自我并不在于别人的评论，而在于他在精神上能否坚持与自主。只要你能够树立他人所没有的目标，那么即使表现得不尽如人意也没有什么。

仔细想想，包括我们自己在内的每一个人，好像一不小心就会犯以上的错误，只不过是程度严重与否的问题。无怪乎有人说："自己才是自己最大的敌人。"因为我们总是不断地用别人的言语"迫害"自己。

一名热爱文学的青年苦心撰写了一篇小说，请作家批评。因为作家正患眼疾，青年便将作品读给作家听。读到最后一个字，青年停顿下来。作家问道："结束了吗？"听语气似乎意犹未尽，渴望下文。这一追问，煽起青年的激情，立刻灵感喷发，马上接续道："没有啊，下面更精彩。"他以自己都难以置信的构思叙述下去。

到达一个段落，作家又似乎难以割舍地问："结束了吗？"

小说一定跌宕起伏、扣人心弦！青年更兴奋，更激昂，更富于创作激情。他不可遏止地一而再，再而三地接续、接续……最后，电话铃声骤然响起，打断了青年的思绪。

电话找作家有急事，作家准备出门。"那么，没读完的小说呢？""其实你的小说早该收笔，在我第一次询问你是否结束的时候，就应该结束。何必画蛇添足、狗尾续貂？该停则止，看来，你还没把握情节脉络，尤其是缺少决断。决断是当作家的根本条件，否则，绵延逶迤、拖泥带水，如何打动读者？"

青年追悔莫及，自认性格过于受外界左右，作品难以把握，恐不是当作家的料。

很久以后，这名青年遇到另一位作家，羞愧地谈及往事，谁知作家惊呼："你的反应如此迅捷、思维如此敏锐、编造故事的能力如此强盛，这些正是成为作家的天赋呀！假如正确运用，作品一定能脱颖而出。"

青年的文学生涯由于别人的几句话而中断，实在令人可惜。但更可悲的是，他没有自己的主见，轻易让别人设定了自己的人生。

"一千个人眼里有一千个哈姆雷特。"凡事绝难有统一定论，别人的"意见"你可以适当地参考，但决不可代替自己的"主见"，不要被他人的论断束缚了自己前进的步伐，追随你的热情、你的心灵，它们将带你实现梦想。遇事没有主见的人，就像墙头草，东风东倒，西风西倒，没有自己的原则和立场，不知道自己能干什么，会干什么，这自然与成功无缘。

只有坚持走自己的路，不被别人言语所左右的人，才能实现人生的辉煌。

歌剧演员卡罗素美妙的歌声享誉全球。但当初他的父母希望他能当工程师；而他的老师则说他那副嗓子是不能唱歌的。

贝多芬学拉小提琴时，技术并不高明，他宁可拉他自己作的曲子，也不肯做技巧上的改善，他的老师说他绝不是个当作曲家的料。

达尔文当年决定放弃行医时，遭到父亲的斥责："你放着正经事不干，整天只管打猎、捉狗捉耗子的。"另外，达尔文在自传上透露："小时候，所有的老师和长辈都认为我资质平庸，我与聪明是沾不上边的。"

爱因斯坦4岁才会说话，7岁才会认字。老师给他的评语是："反应迟钝，不合群，满脑袋不切实际的幻想。"他曾有过被退学的经历。

罗丹的父亲曾抱怨自己有个白痴儿子，在众人眼中，他曾是个前途无"亮"的学生，艺术学院考了3次还考不进去。他的叔叔曾绝望地说："孺子不可教也。"

法国化学家巴斯德在读大学时表现并不突出，他的化学成绩在22人中排第15名。

牛顿在小学的成绩一团糟，曾被老师和同学称为"呆子"。

《战争与和平》的作者托尔斯泰读大学时因成绩太差而被劝退学。老师认为他："既没读书的头脑，又缺乏学习的兴趣。"

如果这些人不是"走自己的路"，而是被别人的评论所左右，怎么能取得举世瞩目的成绩？

罗斯福总统的夫人曾向她的姨妈请教："对待别人不公正的批评有什么秘诀？"她姨妈说："不要管别人怎么说，只要你自己心里知道你是对的就行了。"避免所有批评的唯一方法就是只管做你心里认为对的事——因为你无论怎样做都会受到批评的。

不要被他人的评论束缚了自己前进的步伐。追随你的热情、追随你的心灵，不被别人设定的强者心态将带你到你想要去的地方。

如果将自己的发展依赖于别人的定位，而没有自己的人生目的，没有自我实现的欲求，就不可能做出一番事业。你的生命，要靠自己去雕琢，你要选择自己的生活道路，确定人生的目标，也就是为自己"人生道路怎么走"、"朝着什么方向走"、"最终要达到什么目的"进行设计。

被别人设定，并且照着别人的设定去做的人，他的生命注定只能平淡无奇，碌碌无为。而强者对自己的生命充满激情和幻想，他们不断地超越自己，达到一个又一个高峰，人生也因此而绚丽多彩。

第五节
事半功倍，往往源于你的优势领域

四大途径助你发现自己的优势

奥托·瓦拉赫是诺贝尔化学奖获得者。在读中学时，父母为他选择的是一条文学之路，但老师的评语是："瓦拉赫很用功，但过分拘泥，这样的人即使有着完美的品德，也绝不可能在文学上发挥出来。"此时，父母只好尊重儿子的意见，让他改学油画。可瓦拉赫的成绩在班上是倒数第一，学校的评语更是令人难以接受："你是绘画艺术方面的不可造就之才。"一事无成的瓦拉赫让大多数老师对他的成才失去信心，只有化学老师认为他做事一丝不苟，具备做好化学实验应有的素质，建议他改学化学。父母接受了化学老师的建议。这次，瓦拉赫的智慧火花一下被点着了。

后来这种现象被人称为"瓦拉赫效应"。

人的智能发展都是不均衡的，都有智能的强点和弱点，瓦拉赫找到了自己智能的最佳点，从而使自己的智能潜力得到充分的发挥，取得惊人的成绩。幸运之神就是那样垂青于忠于自己个性长处的人。

成功学大师安东尼·罗宾曾经在《唤醒心中的巨人》一书中非常诚恳地说道："每个人身上都蕴藏着一份特殊的才能。那份才能犹如一位熟睡的巨人，等待着我们去唤醒他……上天不会亏待任何一个人，他给我们每个人以无穷的机会去充分发挥所长……我们每个人身上都藏着可以'立即'支取的能力，借这个能力我们完全可以改变自己的人生，只要下决心改变，长久以来的美梦便可以实现。"

如果一个人总想取长补短，进而在人生的平台上立住脚，这恐怕是天方夜谭。换句话说，若想让自己成为一个别人无法替代的人物，你应当扬长避短，即想尽办法，发现自己的优势所在。

你的特长就是你的与众不同之处。这种特长可以是一种手艺、一种技能、一门学问、一种特殊的能力或者只是直觉。你可以是厨师、木匠、裁缝、鞋匠、修理工等，也可以是机械工程师、软件工程师、服装设计师、律师、广告设计人员、建筑师、作家、商务谈判高手、企业家或领导者等，但如果你想成功的话，你就不能规避自己的长处，发展自己的短处。成功者的普遍特征之一就是，他们由于具有出色的专长从而在一定范围内成为不可缺少的人物。

如何发现我们的潜在优势呢？

我们可以从以下几个方面来进行观察：

1. 从生理看优势

科学家注意到，一个人的生理可以显示其优势所在。如俄罗斯的研究人员观察到，人的创造力与耳朵大小有关：右耳朵较长的人在数学、物理学等精密科学方面会有所作为。喀山国立大学穆斯蒂芬教授为此所做的解释是："虽然人的两只耳朵大小相差不大，仅 2 ～ 3 毫米，但足以判断大脑哪个部位最发达。"因此，他建议："在决定一个人学习某门知识之前，要先确定他是否具有学好这门知识的生理条件，假如人的耳朵表明他可能成为一位艺术家，那么他就不应该去学数学。否则人的其他能力就会降低，其优势就有遭到扼杀的危险。"

2. 从兴趣看优势

人们的兴趣所在往往就是其优势的"闪光点"。以贝多芬为例，这位世界级音乐大师早在 4 岁时就对音响与旋律产出浓烈兴趣，喜欢在琴键上来回按动。其祖父及时抓住这一"闪光点"，有意识地去培养他，结果贝多芬 8 岁时就上台表演，最终成为享誉世界的音乐家而流芳百世。

那么，我们的兴趣又该如何去发现呢？主要是在于平时的仔细观察。如一个人是否接连不断地提出某一方面的问题，或聚精会神地听某方面的讲述，或津津有味谈论某一领域的事情；是否主动地参加或观看某种活动；愿意做某方面的小实验；是否经常阅读某一方面的书籍；是否特别珍惜某些物品等。

3. 从行为看优势

人在种种日常活动中都会有不同的表现，在某方面很有灵性。所谓灵性，是指人在某项活动中表现出色，优于其他人的特点。表现为对某些知识一点就通，容易入门，学习积极性与主动性强，热情长久不衰。如有的人开始说话很早，说起话来滔滔不绝，对语言的记忆力较强，喜欢讲故事，表明他有语言优势，以后容易为语言着迷；不仅爱听歌曲，也爱听车或船的鸣笛声以及其他有节奏的声音与乐曲，学习新歌曲毫不费力，表明他有音乐优势，给此类人配置一架钢琴很能奏效；对分类与图形颇感兴趣，擅长下国际象棋或跳棋，喜欢问及抽象的东西，表明他有数学逻辑优势，在数、理、化等学科方面有优势；爱提各种各样的问题，对天文、地理和自然现象的知识更感兴趣，表明他有空间想象优势，可能成为自然科学领域的佼佼者；能较早地接受各种运动动作，熟练地掌握各种体育器械，表明他有运动协调优势；能观察到别人的微小变化，在阅读小说或看电视、电影时能很快认出其中的正、反角，表明他有管理方面的优势，此类人可能成为优秀的管理人才。

4. 从性格看优势

据德国科学家研究，人的个性是其优势的"显示屏"，最突出的例子在于判断人的行为是理性还是感性。密歇根大学的专家曾经对此问题进行过问卷调查，依据人在同别人发生意见分歧时的态度予以性格分类，并与现在的情况进行对照研究，发现那些意见一旦被否决就直掉眼泪的人，感情脆弱敏感，这类人有艺术天分。汉堡的著名心理学家赫乐穆特尔勒的解释是：这类人从不试图解决冲突，因此长大后的内心世界比较丰富。而那些总想设法在语言上达到目的、喜欢作立论性发言、显得自信的人，许多人成了法官、新闻记者或律师。至于那些不经过深思熟虑就脱口而出，为证明自己正确而捶胸顿足、态度咄咄逼人的人，则容易成为独断专行的管理者。

众所周知：福特的专长是制造汽车，爱迪生的专长是搞发明，阿迪·达斯的专长是制鞋，迪士尼的专长是做动画，盖茨的专长是编写软件，巴菲特的专长是玩股票。上面所提到的这些人一开始都不能算是重要人物，但由于他们专长的不断发展，加上其他条件的配合，他们获得了成功。

发现自己的优势并且挖掘自己的潜在能力，你将成为你所在行业最杰出的人物，只要你想得到，你就能得到。关键在于你能否发现自己的优势，把握住自己的优势，是否会运用自己的优势。

经营优势是扬长避短，而非取长补短

经营自己的长处能给你的人生增值，经营自己的短处会使你的人生贬值。因此，对一技之长，保持兴趣相当重要。即使你不怎么高雅入流，但你的长处也可能是你改变命运的一大财富。不要为了追求完美而努力取长补短，取长补短其实就是拆东墙补西墙，这样做的后果是不仅短处没有得到改善，你的长处更会因此而荒废。你应该选择最能使你全力以赴的长处，应该选择最能使你的品格和优势得到充分发展的方面。

从上学开始，我们就学习把注意力集中在自己的弱项上，而不是发挥自己的强项。而成功的人往往会绕过个人的弱点，发挥自己的特长，让强项更强。这是因为，对于自己的弱项，我们再多努力也可能只达到一般水平，而不能出类拔萃。

麦克斯生于一个数学世家，父母都是很有名气的数学家。

父母都希望他们的孩子将来能在数学界有一番作为，于是夫妇俩从小便向麦克斯灌输各种数学知识，但不知什么原因，小麦克斯却无论如何也对数学提不起兴趣来，却对经商表示了极大的关注。他在夜里偷偷地学习有关商业及商业管理方面的知识，后来几乎到了如饥似渴的地步。

父母的意愿固执得让他无法违背。

成年后，他不得不到父亲所在的学校里教数学。但他知道，数学绝不是他所长，他时刻在争取机会去商场搏斗。他相信，他的商业知识，足以使他在商界成名。

终于，他的父母放弃了要求，却也不提供任何帮助。

很多年后，积累了丰富商业知识的麦克斯终于在商场上拼出了自己的一块地盘，成了英国首屈一指的皮毛大亨。

有人曾经这样说过："一个人所成就的事业，必然是这个人的特长，舍长取短是天下最愚蠢的人才干的事。"

世界上大多数人都是平凡的，但大多数平凡人都希望自己成为不平凡的人。

人人都梦想成功，才华获得赏识，能力获得肯定，拥有名誉、地位、财富等。不过，遗憾的是，真正能实现目的的，似乎总是少数人。

这是为什么呢？

人的素质千差万别，各有所长，各有所短。有的人能够准确地了解和分析自己，对自己做出正确的评价，然后，根据自己的特点，发挥优势，建立独具一格的智能结构，使自己的长处得到充分发挥。而有的人不了解自己的特质，避其所长，扬其所短，结果导致事倍功半，欲速则不达，无端地消磨掉许多年华。因此，最佳智能结构必须是因人而异的，绝不能生搬硬套、削足适履。

曾经，有这样一种流行的观点：只要努力去做，每个人都能成功。但是，在现代社会中，人们已经开始清楚地认识到，我们只有在最关键的地方发挥了自己的优势，才更容易事半功倍地获得成功。

在我们所处的特定环境中，只要发挥出了自己的优势，就完全可以取得在可能条件下的最大限度的成功！不管你抱有什么理想，想领先于什么领域，只要用自己的优势出击，那么，成功将不再是高不可攀，也不是难以企及的。所以说，扬长避短远比取长补短要高效得多。

假如你只有一只脚，便不会勉强去做一个赛跑者；假如你的相貌长得不端正，也不会参加选美比赛。换句话说，一个人在某方面不具备优势时，就不要在这方面与人一争短长。

一个瘦弱的人想在体格上进行炫耀是何等的愚笨，一个年老的妇人勉强扮出娇弱的姿态是何等的可笑。而当你和他人在一起时，那些明摆着你不能做的事而你却枉费精力去做，无疑也犯了上面的错误，让我们的努力成为笑话。

在扬长避短中，我们必须且首先找到自己的长处，不要让缺点遮盖住你的优势光芒。

事半功倍，往往源于你的优势领域

聪明的人会根据自己的爱好和兴趣选择适合自己的工作。

罗素说过，他的人生目标就是使"我之所爱为我天职"。也就是说，他要把生活中最感兴趣的作为其终身职业，这的确值得效仿。

你人生的奋斗目标，要确定在你的兴趣点上。

所谓兴趣，是指一个人力求认识某种事物或爱好某种活动的心理倾向，这种心理倾向是和一定的情感联系着的。"我喜欢做什么？""我最擅长什么？"兴趣能激发出一个人工作的热情和事业心，他的主动性将会得到充分发挥：即使十分疲倦和辛劳，他也总是兴致勃勃、心情愉快；即使困难重重也绝不灰心丧气，而能想尽办法，百折不挠地克服它，甚至为此废寝忘食、如痴如醉。

有一项调查说明，28%的成功者正是因为找到了自己最擅长的职业，才彻底地掌握了自己的命运，并把自己的优势发挥到淋漓尽致的程度。这些人自然都跨越了弱者的门槛，而迈进了成功者之列；相反，72%的失败者正是因为不知道自己的"对口职业"，而总是别别扭扭地做着不擅长的事，因此，他们不能脱颖而出，更谈不上成大事。

那些成大事的成功者，都有一个共同的特征：不论聪明才智高低与否，也不论他们从事哪一种行业、担任何种职务，他们都在做自己最擅长的事。

由此可见，一个人的"成就"来自他对自己擅长的工作的专注和投入，无怨无悔地付出努力，才能享受到甜美的果实。

菲尔·强森是波音飞机公司历史中相当著名的一位总裁。他的父亲开了一家洗衣店，并希望他将来能接管这家洗衣店。但菲尔痛恨洗衣店的工作，所以懒懒散散的，提不起精神，将工作搞得一团糟。他父亲十分伤心，认为养了一个没有野心而不求上进的儿子，使他在他的店员面前丢脸。

这时，菲尔告诉父亲，他希望到一家机械厂工作。这遭到了父亲的反对。不过，菲尔还是坚持自己的意见。他穿上油腻的粗布工作服，从事比洗衣店更为辛苦的工作，工作的时间更长。但他竟然快乐得在工作中吹起口哨来。他选修工程学，研究引擎，装置机械。而当他在1994年去世时，已是波音飞机公司的总裁，并且制造出"空中飞行堡垒"轰炸机，帮助盟国军队赢得了世界大战。

"橘生南国则为橘，生于北方则为枳。"一个人有他的长处和短处，只有正确选择，才能有所作为。想当年，若菲尔仍然待在洗衣店中，要么成为一个辛辛苦苦的小老板，要么成为一个破产的穷光蛋，绝不会有后来的巨大成就。

做不擅长的事，让你事倍功半；做最擅长的事，则让你事半功倍。

作为一个自然科学家，阿西莫夫没有取得太大的成就。一天上午，他坐在打字机前打字，突然意识到："我不能成为一个第一流的科学家，却能够成为一个第一流的科普作家。"于是，他把精力主要放在科普创作上，终于成了当代世界最著名的科普作家。

伦琴原来学的是工程科学。他在老师孔特的影响下，做了一些物理实验，对此产生了兴趣，并且逐渐体会到，这就是最适合自己干的事业，后来他成为"伦琴射线"的发现者，为物理学书写了光辉的一页。

汤姆逊对"那双笨拙的手"在处理实验工具方面的表现感到很烦恼，因此他的早年研究工作偏重于理论物理，较少涉及实验物理。然而当他找了一位在做实验及处理实验故障方面有惊人能力的年轻助手后，他就弥补了自己的缺陷，开始发挥自己的特长与潜能。

珍妮·古多尔并没有过人的才智，但在研究探险方面，她有超人的毅力、浓厚的兴趣。她进到非洲森林里考察黑猩猩，终于成了一个有成就的动物学家。

在现实生活中，许多人往往缺乏选择做自己擅长的事的勇气，他们只能任凭命运的摆布，碌碌无为地了此一生。

"我很想辞职，我不适合干这份工作，它令我筋疲力尽……"

小王总是十分苦恼地对他的朋友说。

他的朋友在细心地听他诉说苦恼后，平静地问他："既然这个工作令你这样痛苦，那你想改变它吗？"

"改变？你是什么意思？"小王迷惑地问着。

"辞了这份工作，去做能令自己充分发挥的工作。"朋友肯定地说道。

小王咽了一下唾沫，吞吞吐吐地说："可是……我不知道自己能做什么，而且工作那么难找，我还得养家。"

"问题是你不喜欢这个工作，那何必令自己痛苦？生活不该是这样的！"朋友说。

"但是我得生活啊，生活是很无奈的，为了生活总得做一些自己并不想做的牺牲。"小王愁苦地说着。

"我倒认为做能让自己快乐的事，才能发挥所长。"朋友这样告诫小王。

小王愤愤地说："你和我不一样啊！你当然可以这样说，说得这样轻松，有几个人能像你这样幸运，做自己想做的事还能赚钱！我也想啊，可是……"

像小王这样的人很多，他们没有勇气改变自己的现有生活，却总是找各种各样的理由为自己的懦弱掩饰。这样的人，活在自我设限的生活中太久，也太习惯了。他们要的不是改变，他们要的只是一些认同，要别人去认同他们自己也无法认同的事，来安慰软弱的自己。

当一个人只会埋怨，只会说出一堆所谓的理由时，就是他自己也难以接受任何改变，他所担心的一切，只能在举棋不定中继续的时候。

而当他可以果断选择放弃自己不喜欢的工作，去追求自己的梦想时，人生为他展开新的美好篇章。

李开复便是一个勇于改变的勇者。

当微软公司以竞业禁止为由起诉李开复跳槽的事件震撼世界时，世人再次关注他——前美国苹果公司、微软公司的全球副总裁，现任Google公司全球副总裁。早在1988年，李开复就因其设计的"奥赛罗"人机对弈系统击败人类的国际象棋世界冠军而名噪一时。

参看李开复的生平。在读大学时，由于受到研究历史的父亲的影响，他选择了哥伦比亚大学法律系，希望将来成为一名律师或政治家。但是，到了大学二年级，李开复逐渐发现，自己在政治学领域没有什么出众之处，既没有炽烈的热爱，更没有献身的欲望，还很厌恶那些世俗的政治技巧。与此同时，他接触并喜欢上了计算机。

大学二年级时，他放弃学习法律，转入该校默默无闻的计算机系。那时的计算机还属于新事物，社会上也还没有"计算机科学家"这类人。从受人尊敬的律师到一个前途不明的"计算机工作者"，李开复换专业的代价是很大的。朋友们劝他谨慎考虑，但是李开复想：人生只有一次，不应浪费在并不感兴趣、没有成就感的领域。一辈子从事一份没有激情的工作将会付出更大的代价。

这一次选择决定了李开复一生的成功，他不顾压力毅然放弃了法律，在自己选择的计算机领域一路前行。如果不是那天的决定，今天的李开复可能只是美国某个小镇上一名既不成功也不快乐的律师。

境遇是自己开创的，成功乃是自己造就的。我们不要因为别人的话语，或者种种压力而畏首畏尾，不敢选择做自己喜欢的事情。如果增加一些勇气，你也可以拥有李开复一样的辉煌人生。

一个人做自己擅长的事，脚踏实地是获取成功的另一法宝。不要羡慕别人的成功，不要忘记这样一句话："临渊羡鱼，不如退而结网。"培养一技之长，一步一步去积累自己的个人资源，才是迈向成大事的成功之路的要素之一。

不断学习，为你的优势储能

有人说，学习力是最可贵的生命力。当代社会科技发展日新月异，知识总量的更新周期愈来愈短，从过去的100年、50年、20年缩短到5年、3年。科学家预言：21世纪末人类现有知识只占那时知识总量的5%，其余95%现在还未被创造出来。这表明"一次性学习时代"已告终结，我们必须活到老学到老，才能跟上时代的脚步。另外，大脑非常发达，个体的脑细胞总量已超过150亿，而一个人穷其一生只能用其百分之几。人脑的巨大容量为个体可能吸收、消化、储存数以亿计的信息、知识量开辟了广阔的前景。关键是要提高自己的学习能力，并贯彻终生，真正做到"生命不息，学习不止"，永葆可贵的生命活力。

不断地学习新的知识，有利于做好自己的工作，并且能不断地得到工作上的提高，掌握科学有效的工作方法。书本上的要学，实践中更要学，只有拥有一颗上进心，工作才能取得更大的成就，事业才能得到发展。

奥文·托佛勒曾说："在这个伟大的时代，文盲不是不能读和写的人，而是不能学、无法抛弃陋习和不愿重新再学的人。"

我们要不断地学习，提升自己，为自己赢得机会，让自己始终先人一步。只有这样，才能成为职业战场上的强者，才能笑到最后。

有一个年轻人在他父亲所在的啤酒厂看守木桶，他的工作是每天早上把所有的木桶擦拭干净并排放整齐。然而非常糟糕的是，他前一天排放好的木桶往往被风吹得东倒西歪。他不得不重复这项劳动，并且还得忍受别人的责备。

年轻人苦思冥想了好久，终于想出了一个办法。他挑来一桶水，分别加入木桶里，然后再将它们排列好。年轻人回家了，惴惴不安地期望着。第 2 天天刚亮，年轻人就迫不及待地跑到啤酒厂，验收自己的成果。结果，那些加了水的木桶纹丝不动地站立着。他成功了！

在这个激烈竞争的社会中，我们就如同空木桶一般容易被吹倒，只有不断学习，给自己加重，才能在社会中立足、发展。职场风云变幻、瞬息万变，让人难以把握。我们唯一能做的就是不断地充实自己，使自己具备应变的能力。

不断学习，给自己的人生加重，是为了给自己的优势储能。

学习可以拓宽我们的知识面，使我们可以采取多种方式掌握与自身发展相关的知识理论、思想方法。现代科技发展也为我们奠定了良好的物质基础。同时，科学合理地构建自身发展的知识构架，确定不同知识在体系中的地位以及相互关系，并不断地推陈出新，主动淘汰老化的知识，积极地汲取相关的理论发展前沿的东西，做好与时俱进的准备，不要只是安于跟在别人屁股后面跑的状态。

读万卷书，行万里路。不断学习还要求我们在提出新思想、新方法的同时，及时在实践中进行尝试检验，有错则改之，无错即行之，使其在实践活动中呈螺旋上升趋势。当然，也不排除胎死腹中的情况。不过，那不是我们前进中的阻力，而是非常难得的动力。只有自信，才能够引导我们走得更加坚实有力。

　　真正善于学习的人，是那些随时随地注意观察，吸收各种可能的、潜在信息的人。他们绝不会简单地模仿他人，更不会生搬硬套他人的模式。一个只会简单模仿而毫无特点和创造力的人是不会在工作中脱颖而出，并取得好的工作成绩的。

　　一只大雁看到老鹰从天空中俯冲下来擒住了山羊，十分羡慕，也模仿老鹰的样子，从天空中俯冲下来，结果爪子插入泥土中拔不出来，被猎人捉回家中。大雁的学习精神令人佩服，但是大雁却没有认清自己，只是简单地模仿，这种学习方法极不可取。

　　学习一定要有自己的方法和判断结合自己的实际情况，知识、专业、经验与社会阅历都要考虑进去，切勿简单模仿，以致弄巧成拙。

　　不断学习，不断为自己的优势储能，才能争取到更多的成功机会。学习不是一句空话，它需要你时刻放在心上，并付诸实践。你必须有深刻的危机意识，懂得不学习就会掉队的道理。不断提醒自己，是否还欠缺什么，是否还需要新一轮的充电。学习也不是一句大话，它需要你认真地分析、思考，把学习落到实处，明白自己到底需要学习什么。

　　学习不能盲目，最好选择有实用价值的东西有针对性地去学习。你要清楚自己的最高理想，分析出自己的长处，然后有的放矢地进行学习。

　　仅仅认清自己的长处和短处是不够的，你还应当明白社会需要什么。所以，在发展自己专长的同时，你还应当放眼社会为自己增加足够的知识积累，适应社会的发展。无论你从事何种职业，你都要具备起码的知识技能。因为行业始终是社会中的行业，社会的任何变动都会给它带来巨大的冲击。例如，经济的全球化迫使你必须掌握一门外语，而计算机的普及也要求你起码要懂得它的基本操作。要想在现代社会生存，你就必须拥有现代社会的生存武器。

　　学习是一个积少成多、从量变到质变的过程。不要指望学习能马上给你带来成效。如果你不停地自我沉淀，总有迎来百年不遇的好机会的时刻，正所谓"磨刀不误砍柴工"。不要觉得自己是在做无用功，要知道你现在所做的一切都是在为未来做铺垫。有谁敢说你现在学的以后就用不上呢？人生就是不断成长、不断完善的过程，给自己加重就是自我完善的最佳途径。

学习其实是无时不可、无处不行的。你只要有敏锐的头脑和善于发现的眼睛，那么在日常生活的每一个细节中，你都可以发现值得你学习的地方。

读一本好书，你会明白许久以来未能想通的道理；和同事的一次探讨，你会发现很多你没想到的地方；与对手的一次较量，你会更清楚地认识到自己的不足之处；看一则报道，你会捕捉到当今社会的最新动态；一次外出旅行，你会发现自己以前就像一只井底之蛙……只要你愿意，你可以随时随地地让自己学习。学习永远是现在进行时，它永不停歇也永无止境。

第六节
修正习惯，
让勤奋卓有成效

不良习惯是偷取勤奋成果的小偷

在我们的生活中，习惯是一种约束力。习惯通过一再地重复，由细线变成粗线，再变成绳索；再经过强化重复的动作，绳索又变成链子；最后，定型成了不可迁移的个性。

人类时时刻刻都在无意识中培养习惯，这是人的天性。而习惯的好坏，决定了生命的质量。我们都受习惯潜移默化的影响，都要臣服于习惯之下，好的习惯可能为我们效力，坏的习惯则会束缚、控制我们大量的时间，扯住我们的后腿，使我们成为"朽木不可雕也"！

坏习惯占用的时间越多，留给我们自己的可利用的时间就越少。所谓"江山易改，本性难移"，这些习惯了的习惯就像我们身上的病毒，慢慢吞噬着我们的精力与生命。

我们经常听到这样的话："忙不过来"、"哪里有时间"，这就是坏习惯造成的恶果。

所以，习惯有时是很可怕的东西。习惯对人类的影响远远超过大多数人的理解。人类行为的95%是通过习惯做出的。

习惯有"习惯自然成"那种潜移默化的力量，正如一位哲人所说："首先，我们培养习惯；后来，习惯塑造我们。"

好的习惯可以充实你的人生，引领你走向成功之路；而坏的习惯则会消磨你的人生，成为时间的小偷。

生活中有哪些行为是时间杀手呢？

1. 丢三落四

你是否计算过，人的一生中有多少时间用于找东西？人从早晨起床开始要穿衣服，到办公室要办公，这都需要找东西。粗略统计一下，一个人每天在这方面需要的时间大约要1个小时，而把人的一生累计起来，那就是一个十分庞大的数字！上述情景是就一般人的状态而言，而对那些丢三落四者则另当别论。某人出差外地，买了一件衣服，乘车往家走时，已经走出了5万米，又想起衣服落在宾馆，于是便让司机开回去取衣服。像这样的"丢三落四"者怎么能与"时间就是金钱"的市场经济相适应？

2. 事必躬亲

很多人做事喜欢大包大揽，恨不得所有的事情都亲自完成。但这种习惯不仅浪费时间降低效率，还会让自己走入劳累的误区中。解决的办法是把工作委托给工作效率高的人，授权他们去干。

知人善任，清楚各人的长处和短处，让每个人都能从事他最能发挥能力的工作。你把工作分派给其他人，授权他们去干好，这样每个人都是赢家。

3. 没有计划

很多人做事都是随兴而为，没有计划，结果错过机会甚至无所事事。

要避免这种情况出现，唯一的办法是预先安排工作。例如外出旅行时可以带些工作来做，这样，就不会因为航班的延误而恼火。

4. 拖拖拉拉

《韦氏新世界英语词典》给"拖延"下的定义是："把（不愉快或成为负担的）事情推迟到将来做，特别是习惯性这样做。"

如果你是个办事拖拉的人，你就会浪费大量的宝贵时间。这种人花许多时间思考要做的事，担心这个担心那个，找借口推迟行动，又为没有完成任务而悔恨。在这段时间里，他们本来能完成任务而且早应转入下一个工作了。

5. 马马虎虎

马马虎虎是工作中的大忌。有一个真实的故事许多人都耳熟能详。许多年前的一位科学家把地球与其他星球相遇的距离算错了一个小数点，结果，他以为地球将要毁灭，于是，与家人喝下毒药自尽，而实际上地球只是与那个星球产生一点点的摩擦。这个故事虽然离我们较远，但它说明的道理却极为深刻。如今，我们也常在报端见到由于器械护士的马虎而将异物落在病人腹中的致人病痛的事例，也曾见过因为办案人员的马虎而产生冤假错案，这不能不说是极其惨痛的教训。因此，要想在未来社会中站稳脚跟，做任何一项工作都需要两个字，那就是"认真"！

6. 得过且过

胸无大志，无所事事，饱食终日，得过且过，做一天和尚撞一天钟地混日子，是永远都不会成功的。

跳出"安全感"的陷阱

平凡的人，之所以一生无大的成就，是因为他们追求一种安全平稳的生活，一旦得到比较苟安的位置，便想固守不求进取了。这样，他一生只会机械似的工作，挣取勉强够温饱的薪金，以静待死神的来临。

斯通指出："生命是一个奥秘，它的价值在于探索。因而，生命的唯一养料就是冒险。"

能变通者才能生存，"物竞天择，适者生存"的准则，不仅是自然界的生存法则，也是人类社会不断发展的内在规律。不论是生物学家还是社会学家都承认，害怕变化，不敢冒险的"安全"者们，都会被淘汰。

人生如战场，刀枪本无情，如果一个人在作战的途中倒下，显示其生存的能力不够。不幸的是，在很多时候，我们可以看到，仍然有太多的"安全"者们存在。这些"安全"者的特征大致如下：顽固、严苛、裹足不前、缺乏弹性。

变化是永恒的，因而人要随环境的变化不断改变，调整自我，如果你仍然墨守成规，不敢冒险，让安全感这种慢性病渐渐浸入你的身体和思想，你就会渐渐被时代抛弃，失去你真正的"安全"。

从前，一位富翁要出门远行，临行前他把仆人们叫到一起并把财产委托他们保管。依据他们每个人的能力，他给了第1个仆人10两银子，第2个仆人5两银子，第3个仆人2两银子。

一段时间之后，富翁远行回来。拿到10两银子的仆人带着另外10两银子来了。富翁说："做得好，你是一个对很多事情都充满自信的人。我会让你掌管更多的事情。现在就去享受你的奖赏吧。"

拿到5两银子的仆人带着他另外的5两银子来了。富翁说："做得好，你是一个对一些事情充满自信的人。我会让你掌管很多事情。现在就去享受你的奖赏吧。"

最后，拿到2两银子的仆人来了，他说："主人，我知道你想成为一个强人，收获没有播种的土地。我很害怕，于是把钱埋在了地下。"富翁回答道："又懒又笨的人，你既然知道我想收获没有播种的土地，那么你就应该把钱存到银行家那里，以便我回来时能拿到我的那份利息。"

第3个仆人，因为害怕变化，恐惧风险，便无所作为，以为这样保住了富翁的财产，会得到他的赞赏，结果得到的却是一顿训斥。过于追求安全感，会让一个人畏首畏尾、毫无作为，就像那个仆人一样。

"安全者"在开始做一件事情之前，总是会做过多的准备工作。他们认为每一项计划和行动都需要完美的准备。为了开始一项计划，他们需要做更多的研究，收集更多的信息，读更多的资料以及参加更多的研讨会。他们通常要花费很长的时间来准备开始一个计划。如果这种准备是为了一个不太注重实效性的工作，那也无可厚非，只是会影响工作效率。但如果是件十分注重实效性的工作，则可能延误时机，造成十分严重的后果。

有不少人，颇有才华，具备种种能力，但是有个致命的弱点，就是缺乏挑战的勇气。他们只在熟悉的领域做一个谨小慎微的"安全专家"，不敢向陌生的领域踏出一步。对生活中不时出现的那些困难，更是不敢主动发起"进攻"，只是一躲再躲。他们认为：保持熟悉的一切就好。对于那些新生事物，还是躲远一些好，否则，就有可能被撞得头破血流。

安全感，让他们丧失了斗志和激情，他们不敢打破固有的生活方式，不敢寻求新的改变。他们无论做什么，都是谨小慎微、满足现状、惧怕未知与挑战。

西方有句名言："一个人的思想决定一个人的命运。"做任何事都要求安全感，不敢挑战冒险，是对自己潜能的否定，只能使自己无限的潜能有限地缩小。与此同时，安全感会使你的天赋减弱，就像疾病让人体的功能萎缩退化一般。

一个追求安全感的"懦夫"和一个敢于挑战的"勇士"，在众人心目中的地位有着天壤之别，根本无法并驾齐驱，相提并论。一位老板描述自己心目中的理想员工时说："我们所急需的人才，是有奋斗进取精神，勇于向有难度的工作挑战的人。"但令人扼腕叹息的是，安全感像一种传染病，几乎大部分人都被感染。而勇于向困难挑战的"勇士"，犹如稀有动物一样，始终供不应求，是社会中的"稀有动物"。

在如此失衡的社会环境中，如果你是一个"安全者"，不敢向高难度的工作挑战，那么，在如此激烈的社会竞争中，就永远不要奢望得到机遇的垂青。当你万分羡慕那些有着杰出表现的同事，羡慕他们深得老板器重并被委以重任时，你要明白，他们的成功绝不是偶然。

如果一件人人看似"这是个新问题，不可能完成"的艰难工作摆在你面前时，你最好不要抱着避之唯恐不及的态度，更不要花过多的时间去设想最糟糕的结局，不断重复"根本不能完成"的念头——等于在预演失败，而是要怀着挑战的心情主动接受它，摆脱安全感这种慢性病。

尽管我们很容易对不习惯的事做出排斥，但我们必须学会调整对事物的看法。毕竟，人生的"无常"往往比我们所能想象的还多，我们不可能一辈子都守着成见或既定的生活模式，对于自己不熟悉或毫不关心的事物永远抱着望而却步的心理。

须知，当你治愈安全感这种慢性病的时候，曾经的碌碌无为，怀才不遇都将止步，你的人生和事业将迎来"柳暗花明又一村"的明媚春天。

苛求完美本身就是一种不完美

一位牧师对教众做了一场精彩的讲道，末了他以肯定自己的价值作为结尾，强调每一个人都是上帝眷顾的宝贝，每一个人都是从天而降的天使。活在这个世界上，每一个人都要善用上帝给予的恩赐，发挥自己最大的能力。

教众当中有人不服牧师的讲法，站起身来指着令自己不满意的扁塌鼻子，说道："如果照你所说，人是从天而降的天使，请问有塌鼻子的天使吗？"

另一位抱怨自己腿短的女子也起身表示同样的意见，认为自己的短腿是上帝不完美的创造。

牧师巧妙而幽默地回答："上帝的创造是完美的，而你们两人也确实是从天而降的天使，只不过……"他指了指那名塌鼻子的朋友，说："你降到地上时，让鼻子先着地罢了。"牧师又指着那位嫌自己腿太短的女子："而你，虽是用脚着地，却在从天而降的过程中，忘了打开降落伞。"

完美只是人们想象中的一种境界，在现实中没有谁可以达到。所以我们不能因为不完美而放弃自己，不能苛求自己完美。如果一个人对自己和他人要求过高，总是追求完美，强迫自己做到尽善尽美，会妨碍他取得成功，阻碍他享受成功所带来的一切欢愉。成功，是每一个人追求及向往的目标，在这个目标的推动下，人能够被激励、鞭策、奋发向上，向美好的未来前进。然而，如果脱离客观现实，为自己设下可望而不可即的目标，那么，其结果往往只会使自己压抑、担心和失望，更别提享受快乐了。

有这么一则有趣的故事。

一位茶师看着儿子打扫庭院。当儿子完成工作的时候，茶师却说"不够干净"，要求他重做一次。于是，儿子又花了1个小时扫庭院。然后，他说："父亲，已经没事可做了。石阶洗了3次，石凳也擦拭了多遍，树木也洒过了水，苔藓上也闪耀着翠绿，没有一枝一叶留在地面。"

茶师却训斥道："傻瓜，这不是打扫庭院的方法，这像是洁癖。"说着，他步入院中，用力摇动一棵树，抖落一地金色、红色的树叶。茶师说："打扫庭院不只是要求清洁，也要求美和自然。"

茶师以自己的行动告诫儿子，做事苛求完美，不仅违背自然，也往往使我们离完美更远。

我们可以追求完美，让自己做得更好，却不能苛求完美，用完美来要求自己的人生。完美对于我们来说只能当作理想而不是人生的现实目标。

比如说，一个人勤于工作很好，但如果因为工作而忽略了家庭与健康，长久下来，人生的画面必定导致偏差。当一个人不顾一切地追逐幸福的尾巴，却反而会因为以偏概全的缘故，离幸福更加遥远。事实上，追求完美的思想无时无刻不在左右着我们的行为，影响着我们在工作中的表现。如果这种想法不加以好好控制，会使你造成巨大的损失。

苛求完美的人总是流连于细枝末节，结果容易主次不分。任何工作都有主有次。在主要工作上、在关键部位上，我们要用全部精力，尽量做到更好。这样，在次要问题上就不必再费太多精力。比如，我们加工一个普通的螺母，在内径尺寸上，必须高度精确，但其外部是否要打磨得光可照人，则没有必要苛求。在多数情况下，工作的完美程度达到80%就足够了。比如，写字台的干净，房间的整洁，不需要每天都做到100%的完美，我们要把节约下来的时间用到更重要的事情上去。

对细节的苛求经常让完美主义者患得患失，惧怕失败的焦虑和压力束缚了他们的手脚、压抑了他们的创造性，使其工作效率降低。完美主义者通常都很固执、刻板、不灵活，他们会给自己或他人设定一个很高的标准，而且非要达到不可，结果总是受到挫折感到很痛苦。

对于一些细枝末节的小事情，我们要学会妥协。这里所说的妥协，是在追求、苛求完美过程中的妥协。妥协并不是没有原则的，关键是要适度把握。不能因为妥协而偏离了妥协的最终目的。适度妥协是为了达到更好的效果，其本身是一个积极的举措。

还有一些人，因为苛求完美，凡事都要求考虑得很完美以后才愿意付诸行动，结果，不仅会降低效率，还会失去很多机会。这些人往往处于一种等待当中，他们一直在等待所有的条件都成熟。然而，现实情况是，当条件达到一定程度的时候，你就要动手去做，把握先机。只有这样，你才可能取得成功。等待是等不出结果的。

世界并不完美，人生当有不足。留些遗憾，反倒可使人清醒，催人奋进，是好事。"没有皱纹的祖母最可怕，没有遗憾的过去无法链接人生。"

有这样一种说法：完美本身就是一种不完美。如果人人完美，事事完美，那这个世界将千篇一律，没有个性。所以缺憾造就这个世界的多样美丽。我们无须怨天尤人，不妨想想，怎样才能走出苛求完美的误区。或用善良美化，或用知识充实，或用自己一技之长发展自己……生命的可贵之处，就在于看到自己的不足之处后，能够坦然地"自我接受"。

第七节
修炼个性，
加速成功的砝码

欲望像锁链，无止境的"勤奋"也只能是一场空

很多人做了很多，却依然得不到满足，因为欲望就像是一条锁链，一个牵着一个，人们永远都不满足。

过于执着的追求，会使人缺乏智能判断，而只是一味地投入，不知满足结果却总是因小失大，会让我们竹篮打水一场空。

贪婪正是压力与紧张的最大祸首。工作狂者因永远做不完的事而压力倍增，他们的生活永远是忙碌的，忘了思考，忘了享受，一直钻在紧张与压力的套子中，让自己被套牢。自己的电脑还好好的，一见邻居买了一台配置更高的，就想尽办法也要换台新的；自家的房子够大也够住，但别人有了新屋，于是一定要与人家比，左思右想要买栋更漂亮的房子！人比人气死人，这样比来比去，你永远不会满足。适当的压力，可以是催人奋进的动力，是文化有进步的动力，但问题出在"过分"二字，过分即不按理性做事，使心理失去平衡，因此而增添许多不必要的压力。

经常听到有人感叹：唉！活得真累！这个"累"不仅包括身体劳累，还指精神之累，这些都是因为压力过度。

做人难就难在做一个真正的普通人。这是因为通常人的欲望很多，真正如愿的太少，所以就很难体会到生活中本已存在的快乐。物欲的膨胀，让人贪得无厌，跌进欲望的深渊无法自拔。

知足才能常乐，你没有发现它，是因为贪欲堵塞了你的心智，蒙蔽了你的眼睛。物欲太盛会驱使人永不知足，没有家产想家产，有了家产想当官，当了小官想大官，当了大官想成仙……以致精神上永无宁静，永无快乐。

永不知足是一种病态，其病因多是对权力、地位、金钱之类的贪婪。这种病态如果继续发展下去，其结局是，自我毁灭。"机关算尽太聪明，反算了卿卿性命"，《红楼梦》中的王熙凤不正是这样的人吗？

我们可以看看，这些人到底为何而忙碌。因为放不下到手的职务、待遇，有些人整天东奔西跑，耽误了更远大的前途；因为放不下诱人的钱财，有人费尽心思，利用各种机会去大捞一把，结果常常作茧自缚；因为放不下对权力的占有欲，有些人热衷于溜须拍马、行贿受贿，不惜丢掉人格和尊严，一旦事情败露，后悔莫及……

生命之舟载不动太多的物欲和虚荣，要想使之在抵达彼岸时不在中途搁浅或沉没，就必须轻载，放下贪得无厌，放下因此而衍生的压力和辛劳，人生便会变得快乐而自由。

古希腊哲学家科蒂说："一个人生活上的快乐，应该来自尽可能减少对外在事物的依赖。"罗马政治学家及哲学家塞尼加说："如果你一直觉得不满，那么即使你拥有了整个世界，也会觉得伤心。"著名人生指导大师卡耐基说："要是我们得不到我们希望的东西，最好不要让忧虑和悔恨来苦恼我们的生活。且让我们原谅自己，学得豁达一点。"

"物欲为己，此生不宁；物欲为后，子孙不旺。"古人早已告诫过我们"以德遗后者昌，以财遗后者亡"。一个人要顺其自然地、平淡地看待物质的享受，得之无喜色，失之无悔色。什么都想得到的人，结果可能什么都得不到，甚至连自己已经拥有的也会失去。一个平淡对待自己生活的人，却可能会意外地得到惊喜。

人生短暂几十年，赤条条来，又赤条条去，何必物欲太强，贪恋身外之物？"身外物，不奢恋"是思悟后的清醒。想得开，放得下，活得轻松，过得自在，我们就不会陷入贪得无厌的勤奋误区。

主动负责，给勤奋一个质保

责任是对人生义务的勇敢担当，是对生活的积极参与。然而，在人生旅途中，很多人却逃避自己的责任，他们以勤奋为借口，做事总是马虎敷衍，不求结果。虽然他们比别人忙碌，但是差强人意的结果却总是使他们的努力成为泡影，这是责任对他们的惩罚。

在生活中，我们无论担任何种职务，做什么样的工作，都存在责任，这是社会法则，这是道德的法则，这还是心灵法则。逃避责任的人，是生活中的消极悲观者，而生活也不会给他想得到的东西。

这是一个真实的故事。

在一个大雪纷飞的夜晚，一个军官正匆匆忙忙地往家赶。当他经过公园的时候，一位妇女拦住了他。"对不起，打扰了先生，您是位军人吗？"这个妇女看起来很焦急。军官不知道发生了什么："噢，当然，我能够为您做些什么吗？"

"刚才我经过公园的时候，听到一个孩子在哭，我问他为什么不回家，他说，他是士兵，他在站岗，没有命令他不能离开这里。可是天这么黑，雪这么大。"妇女说，"我说，你也回家吧，他没有答应。他说站岗是他的责任。我怎么劝他回去，他也不听，请先生帮帮忙。"

军官的心为之一震，他说："好吧，我愿意这么做。"

军官和妇女一起来到公园，在一个不显眼的地方，有一个小男孩在那里哭，但却一动不动。军官走过去，敬了一个军礼，然后说："下士先生，我是中士约翰·格林，你为什么站在这里？"

小男孩停止了哭泣，回答说："报告中士先生，我在站岗。"

"天气这么恶劣，为什么不回家？"军官问。

"报告中士先生，这是我的责任，我不能离开这里，因为我还没有得到命令。"小男孩回答。

军官的心又为之震了一下："那好，我是中士，我命令你回家，立刻。"

"是，中士先生。"小男孩高兴地说，然后还向军官敬了一个不太标准的军礼，撒腿就跑了。

军官和妇女对视了很久，最后，军官说："他值得我们学习。"

面对许多找借口逃避责任的人，小男孩的做法会令他们感到汗颜。

在现代社会那些以勤奋为借口对工作敷衍了事的人不会得到成功的青睐，而那些认真、负责的人才是社会的宠儿。因为那些抱着敷衍了事的态度工作的人是最不愿意积极面对生活、面对工作现状的人，他们既对工作不负责任，同时也对自己极端不负责。

责任，是对自己的努力负责，是对自己的人生负责。没有了责任，勤奋便没有了保证。一个不负责任、没有责任意识的人，不仅会给工作带来损失，而且也会为自己的人生带来不利的影响。

上帝是公平的，他总是把最大的奖赏赐予能尽职尽责的人。那些逃避责任的勤奋者，希望能从别人那里得到对每一项工作的明确指示，也希望别人复查每一项工作，如果出现纰漏可以大家一起承担责任。这样的人没有独立的人格，不能开动自己的脑筋，就像机器一般只能作为别人的附属物存在，对要求独立自主地去思考的工作是无法胜任的。

借口是人们将自己应该担当的责任转嫁给他人的一大方法，而一旦养成了寻找借口的习惯，人们就会忘却自己的责任。

这些人其实是害怕受责难，害怕承担风险，所以在工作中出现问题后，他们通常会找出一大堆理由。这就意味着，一个人的不负责任会影响到一个团队中的所有人，进而影响到与之相关连的整个社会关系层。这就是"10-1=0"的原则。

很多人逃避责任的一个借口是：我并不十分清楚我的责任，所以才没有做好。

不清楚自己的责任会导致将责任范围扩大，把责任的界限模糊，容易造成责任无法分清。

第2个借口是：谁有权力谁负责，我只是一个小兵。

这是很多员工的理由："我只是一个小兵，领导指哪我打哪儿，打错了也不能怨我呀。"这是一个十分狡猾的借口，完全摆脱了责任的约束。

其实无论做什么工作，都应对团队负有责任。比如，你有责任忠诚地执行将军下达的命令，但是在命令正式执行之前，你已经意识到这个决定有缺陷或者不适合执行，你就有责任把你的真实想法反映给你的将军，如果视而不见，则可能会使整个军队的作战失败，最终也会涉及你自己。

第3个借口是：我不是故意的。

"我也不想出错，我也不是故意的。"出了问题后，很多人都会这样为自己开脱。

但是，为什么你会不小心出错，而别人却不会？一个逃避责任的人潜意识下会马虎对待工作，因此也就容易出现纰漏。

"我不是故意的"，这只是一个卑劣的借口，企图以一种无辜的姿态，逃避责任的惩罚。但若仔细想想，假如一个司机虽不是故意撞伤一个人，但他的一句"我不是故意的"可以开脱自己吗？

第4个借口是：假如……这件事就不会发生了。

这个借口让人将过错推脱到客观条件上，为自己的主观意识开脱。但是这个理由不会减轻你所要承担的责任，更不会让你把责任推掉。

这些人不去考虑怎样对待已经出现的问题，而是强调："假如……这件事就不会发生了。"假设不能代表现实，无论是懊悔，还是逃避责任，都不能解决任何问题。

借口永远是借口，不会有助于解决问题，反而会影响问题的解决，明智的做法就是承担你应承担的责任。逃避责任，是勤奋的一大误区。

主动进取是从勤奋走向成功的精神源泉

一块有磁性的金属，可以吸起比它重 1 倍的物体，但是如果除去这块金属的磁性，连轻如羽毛的重量它都吸不起来。同样，人也有两面。一面是充满磁性，这时的他们充满了信心和信仰。他知道他天生就是个胜利者、成功者。另外一面，是没有磁性。这时，他们充满了畏惧和怀疑。机会来时，他们却说："我可能会失败，我可能会失去我的钱，人们会耻笑我。"这类人在生活中不可能有成就，因为如果他们害怕前进，他们只好停留在原地。人有磁性的一面叫作主动进取，缺乏磁性的一面则叫作消极被动。

所谓主动进取，是指为人在世，应当不断地发展自己，不断地丰富自己。不满足于现状，不断否定自己，不断超越自己，不断给自己树立新的目标。

进取精神是一种积极心态，具有进取精神的人不会因为环境好，工作条件优越，业绩不错而驻足不前，他们反而更加勤奋努力以追求更大的成就。如果环境不好，生活困苦，工作条件恶劣，他们反而更不会被压倒。改变自己的生存环境，为自己求得成功而不懈努力，这是他们的信念和行动。

进取心是成功者必备的心态，是一种勤奋努力的优秀品质。

有人曾向美国一个亿万富翁询问过成功的秘诀，而那位富翁说出的话却让当事人很震惊，他说："我还没有成功呢！没有人会真正成功，前面还有更高的目标。"

成功是我们追求的终极目标。绝大多数人能不怕艰难险阻走完人生历程，就是因为对成功的渴望始终存在。把这种渴望叫作信念也好，使命也好，责任也好，任务也好，总有期盼和牵挂，总有要完成的欲求，否则就会心有不甘。

辉煌的成就属于那些主动进取的人，因为成功有明确的方向和目的，一个人若缺少主动进取，即使上帝也帮不了他。

一个曾经多次参加世界大赛，累计得过 10 枚金牌的体育教练，在他的执教生涯中，又相继培养了 11 位世界冠军。

有人向他取经："你认为一个人要成功，最重要的是什么？"

"不安于现状，永远追求新高度。"他说。

他解释道，作为一名运动员，会经历很多成长阶段，在任何一个阶段安于现状，都可能导致运动生涯的终止。比如，一个运动员如果取得省冠军就满足了，他绝对不可能取得全国冠军；当他取得全国冠军就满足了，他绝对不可能取得世界冠军；当他取得一项世界冠军就满足了，他绝对不可能取得下一项世界冠军。

"生命不息，奋斗不止，我经常这样教导我的队员。"他说，"他们没有让我失望。"

其实，人生便是一场比赛，每个人一出生，就投入到比赛之中了，不断努力去打拼而最后取得成功的，是那些主动进取、绝不安于现状的人。

苹果电脑公司的老板史蒂夫·乔布斯在 25 岁时成为美国有史以来最年轻的靠白手起家成长起来的百万富翁，并且成为白宫的座上宾，被里根总统称作"美国人心目中的英雄"，这是因为他进取的态度不允许他只做一个没有出息的穷小子。

乔丹是美国 NBA 历史上最杰出的运动员之一，他之所以能够取得如此辉煌的成绩是因为在他每取得一项成功之后，都会忘记已成为过去的成就，把目光投向未来更高的目标。

当有人问球王贝利最满意的一个进球是哪一个时，他总是说："下一个。"

中国运动员刘翔为什么能够打破传统观念，在人们一直认为的观念中黄色人种不可能占据优势的田径赛上，成为整个亚洲的骄傲？就是因为刘翔并没有被这种既成意识所束缚，他积极进取打破"现状"，一步一个脚印，从中国赛场跑向世界赛场。在国际田径历史中，他以 12 秒 88 的成绩打破了 110 米栏的世界纪录！

20世纪，世界画坛上出现了天才中的天才——大画家毕加索。在16岁那年，他就因举办了个人画展而一举成名。在他漫长的人生旅途中，他不停地工作，共创作了4500多件艺术珍品。这些珍品记录了他经历写实主义时期、蓝色时期、玫瑰色时期以及各种画风杂交时期。他的画风不停地变，不仅观众应接不暇而骂他是"邪恶的天才"，就连评论家也惊斥他是"艺术的变色龙"，但是，最后举世公认他是一位"20世纪艺术的领路人"，是"一个点石成金的稀有天才"。固然，毕加索的成功有天才的成分在，但更重要的是毕加索的不断进取，使他的勤劳果实成为艺术界中的巅峰之作。

浅尝辄止、安于现状、不思进取的人不会做出什么大成绩，他们的勤奋只不过是在平庸人生之中的无用功。真正的成功者是主动进取的，他总是不停地超越自我、拓宽思路、扩充知识，敞开生活之门，希望比周围的人走得更远。他有足够坚强的意志，激励自己做出更大的努力，为自己勤奋找到一片精神的沃土，让成长中不断生根发芽，争取最好的结果。

主动进取，使勤奋之树开出美丽的花朵，使人生之路走向成功的彼岸。

锐意创新，勤奋的点金术

创新意识是创新的基础。它是指人们根据社会发展的需要，引起创造以前不曾有的事物或思想的动机，并在创造中表现出自己的意向，愿望和设想。它是人们进行创造活动和内在动力，具创造性思维和创造力产生的前提。具有创新能力的勤奋者，他的每一次创新活动，就像一个魔术棒，让一分的努力发挥了十分甚至更多的作用。

创新意识是期望成功的勤奋者所必须具备的，它要求我们具有创新意识，实际上是要我们改变传统的思维方式，改变传统的提出问题、思考问题的方式。在这个多变的时代，如果做不到这一点，即便是拥有了最新的知识，也有可能在激烈的竞争中被淘汰。今天你如果不生活在未来，那么明天你将生活在过去。这绝不是危言耸听，在新的时代，由于新旧事物更替速度倍增，我们的思维方式也必须顺应形势的需要，对各种事物多用不同的眼光审视它，多从不同的角度观察它。

从整个人类的历史来看，从古至今，人类正是由于不断创新才能发展到现在的文明阶段。

人们为了取得对尚未认识的事物的认识，获得新知识、新发现，总要探索前人没有运用过的思维方法，寻找没有先例的办法和措施去分析认识事物。

因而，他们能够运用创新能力，提出一个又一个新的观念，形成一种又一种新的理论，做出一次又一次新的发明和创造，这都将不断地增加人类的知识总量，丰富人类的知识宝库，使人们去认识越来越多的事物，为人类实现由"必然王国"向"自由王国"和"幸福乐园"的飞跃创造条件。

没有创新能力，没有勇于探索和创新的精神，人类的实践活动便只能停留在原有水平上，人类社会就不可能在创新中发展，在开拓中前进，人们所从事的事业就必然陷入停滞甚至倒退的状态。

人的可贵之处在于具有创新能力。一个有所作为的人只有通过创新，才能为人类做出自己的贡献，才能体会到人生的真正价值和真正幸福。创新能力在实践中的成功，更可以使人享受到人生的最大幸福，并激励人们以更大的热情去积极从事创新，使我们的事业获得更加巨大的成功，实现更大的人生价值。

在生命的旅途中，新的追求、新的理想、新的目标会不断产生，在为新的事业奋斗中，实现了这些新的追求、理想、目标，就会产生新的幸福。人类的幸福是没有终点的，因为创新是永无止境的，目标的实现就是一个不断发展、不断创新的过程。

在信息化的今天，锐意创新比单纯追求知识更起作用。

现代社会的竞争越演越烈，风险无处不在，我们常处于"风口浪尖"的险境。但是，如果我们能不断地用新思维突破常规观点，努力超越自己的过去，那么，无疑将会极大地增加自己的核心竞争力，并为自已创造出一个稳定的发展平台。

美国 MIT 多媒体实验室主任尼葛洛庞蒂说："我们在招人时，如果有人大学毕业时考试成绩全都是 A，我们对他不感兴趣。如果有人在大学毕业时考试成绩中有很多 A，但中间有两个 D，我们才感兴趣。因为往往在大学里表现得很好的学生，与我们一起工作时，表现得并不那么好。我们就是要找由于个性与众不同，在大学学习时并不是很用功的，不循规蹈矩地做事情的那些人。这些人往往很有创造性，对事物很警觉，反应非常机敏。人才更多的是指一种心态，是指与传统思维完全不一样的那种人。真正的人才不是看他学了多少知识，而是看他能不能承担风险，不循规蹈矩地做事情。"

由此看来，创新是一项伟大的才能，但是创新又绝不是静止的。我们追求的不只是某一次的创新成功，而是精益求精，日益更新。这就是我们"锐意"的精髓所在。

水不流动，必至污浊。同样，一切事业，假如甘于现状，墨守成规，不能努力使之日益更新，最后准会落伍，以致失败。

对于锐意创新的人来说，他们不可能在事业达到某一点时，就表示满足，而应时常要求自己超越已经到达的那一点，力求精益求精。假使他们自满自足，无意创新，那么他事业的衰落就从此开始了。

创新不在未来，创新就在现在。每天早晨出发奔向工作时，你就应当下定决心，力求在职务上较昨日有所创新。你应当力争把事情做得比昨天更好些，这样，你在傍晚离开工厂、办公室时才会心里踏实。你每天都应当谋求若干进步，每天向前迈几步甚至几级。这样，在坚持了 1 年之后，你会发现，你的事业有了惊人的进步。

第八节
经营人脉，
善于借助他人的智慧

经营好你的人脉

想要合作取得成功，人际交往是一项非常重要的资源。成功学专家拿破仑·希尔曾对一些成功人士做过专门的调查，结果发现，大家认同的杰出人物，其核心能力并不是他们的专业优势，相反，出色的人际交往策略是他们成功的关键。这些人会多花时间与那些在关键时刻可能有所帮助的人，培养良好的关系，在面临问题或危机时也更容易"化险为夷"。

美伦矿业公司是一家美国跨国公司和加拿大的一家采矿公司合资成立的跨国集团。当约翰·贝勒刚刚接管合资公司经理职位的时候，公司正处于非常困难的时刻。加拿大的采矿公司内部丑闻不断，并且正面临着一场严重的财务危机，以至于差点由银行出面接管。合作的另一方则刚刚更换了最高主管。加拿大的采矿公司曾向欧洲的公司许诺，将在欧洲进行长期投资。但如今由于自己资金吃紧，竟然出尔反尔。合资公司于是陷入骑虎难下的困境：双方都不愿让步，合资项目停滞不前，合资双方的关系严重恶化。现在对新上任的合资公司经理约翰来说真是一场空前的考验和挑战。而且约翰的前任莱恩，是一个营销专家，并在石油的销售方面拥有很强的专业技能，但由于其缺乏对人际关系的理解和驾驭，只重生意，根本应付不了这些突然的变化。这对约翰是一个很好的教训。

约翰是个英国人，生于南非，长在印度，曾做过美洲某大型跨国公司的财务经理，拥有让人羡慕的资历。在上任之前，他是该跨国联盟公司在亚洲的负责人。他的背景和经历使得他在公司的财务方面站稳了脚跟。他曾在东亚某个政局不稳、市场多变的小国家，从事市场营销工作。这不仅使他的能力得以充分的施展，而且为他提供了绝佳的锻炼才能和积累经验的机会。他对大量不同的文化和知识兼收并蓄，游历过很多地方，掌握多种语言。这些经历使得他在人际关系沟通方面具备了超群的技能。正是由于他能够在非常广泛的层面上与对方的母公司、自己的母公司和合资公司沟通和交流，并获得对方的信任，从而可以参与更广的战略规划和具体执行。约翰主动接触别人，积极结识其他公司的职员。在合资公司内，他与组织的上级、同级、下属都保持良好的人际关系，因此约翰在公司内外建立起良好的人际关系网。凭借良好的人际关系网，即使新官上任，他也能很容易获取需要的信息和帮助。

在这个国际合资企业中，约翰具备最重要的素质之一就是超常的应变能力：了解在不同的文化背景中的社交礼仪，能够对所接收到的信息做出正确反应，从而拉近彼此的文化差距。因此他具备了游刃有余的交流功夫。比如，他的谈话风格会随着谈话伙伴的背景而变化。说起西班牙或拉丁文化时，他会感情奔放并活灵活现，双眼闪闪发亮，面部表情非常丰富。而当他和日本同行交流时，很少直视对方，话语中多了几分娴静，表现得相当沉默。正是由于超人的沟通力，约翰构建起自己的人脉，从而带领合资公司走出了困境，并日渐兴旺。

通过上面的例子我们可以看出，人脉对于成功者来说，是一项很重要的品质。

人际交往首先需要主动交际。

广泛而主动的交往是机遇的源泉。朋友的一句话、一个提醒、一个信息、一个关心或一个小小的帮助，也许是在不经意中，却为我们提供了难得的机遇或灵感。每一个伟大的成功者背后都有另外的成功者，每一个成功者都会精心编织一个成功的人脉。对于一名高效能人士而言，主动交际是打造良好人际关系网的关键。

要做到主动与人交往，我们可以从以下几点做起：

（1）有机会把自己主动介绍给别人，任何地方都可以这样做，例如，在晚会上、飞机上。

（2）主动交换名片，让对方知道自己的名字。

（3）主动询问对方的尊姓大名、职位、生活以及工作单位。

（4）准确记住对方的姓名及职位，在谈话中，别忘记称呼对方职位。

（5）如果想进一步与新朋友加深交往，你可以给他们写信、打电话或登门拜访。

此外还要重视人际接触点。

要建立属于自己的人脉，我们必须要注意找出人脉的结点，即我们生活工作上的人际接触点。每一种职业都有它重要的人际接触点。

例如，你的上级、你的值得信赖的顾问、你的重要的客户、你的出色的下级、你的信息的来源，他们都是你的重要接触点。

工作中的人际接触点主要分为两类：一种是保持现状的接触点——是指可以帮助你保持你现在的良好状况，而不失去力量或优势的那些人；另一种是改进情势的接触点——是指那些能帮助你进一步发展的人。

人的精力是有限的，我们不求关系网多么大，但求要好、要精。经营好你的人脉，可以采用下列步骤：

（1）筛选：就像打扑克的"埋底牌"，把有用的留在手上，无用的埋掉。我们可以采用把有直接关系、间接关系或没有关系的分别记录的方法。

（2）排队：就像打扑克的"理牌"，对认识的人进行分析，依哪些是重要的，哪些是比较重要的，哪些是次要的，根据自己的需要排队。由此可以根据不同的级别进行有重点的维系和呵护。

（3）对关系进行分类：生活中涉及的关系可能是方方面面的。有的关系可以帮你办理相关手续，有的能帮你出谋划策，而有的则能提供信息。虽然作用不同，但都有作用。

（4）随时调整：世界上的一切事物，都处于不断地运动、变化和发展之中，人际关系也是如此。需要不断检查、修补和调整，尤其是针对个人的发展、环境的变化或关系网人员的情况进行及时的调整，构筑最新、最有效的关系网。

没有人无所不能，借助他人智慧是智者的作为

即使是天才，也不可能精通所有的领域，没有人会成为所有领域的全才。所以要想成事，就必须善于借用别人的优势。"三个臭皮匠，胜过一个诸葛亮"。平庸的人"借用"了别人的优势，可使事情做得更周到。换句话说，只有 60 分能力的人，会因为借用了别人的优势而做出 80 分以上的成绩。

一个人的智慧虽然是无限的，但能够开发的部分还是有限的。一个人的价值判断、社会历练、人生经验由于受到环境的影响会呈现出不足之处。此外，一个人的专长也只可能有一两种。当面对复杂的社会环境时，只凭个人的能力，根本不够用。所以，我们应当学会借用别人的智慧。

森林里一群山羊遭到了一只猎狗和一只老鹰的剿杀。于是，山羊妈妈就发动小山羊们出主意，躲过这场灭顶之灾。一只小山羊自告奋勇地说："我有办法利用老虎的力量除掉这两个恶棍。"

"利用老虎除害？该不是说梦话吧？"其他山羊满腹疑虑地议论起来。

小山羊不理会这些，认认真真准备一番后，就装模作样地坐在一个山洞的洞口打起字来。

没多久，猎狗跑来了，猎狗跳到它的面前说："我要吃了你！"

小山羊说："别忙，等我把学术论文打完！"

猎狗很奇怪："什么学术论文？"

"我的论文题目是《山羊为什么比猎狗更强大》。"小山羊一本正经地说。

猎狗大笑起来："这太可笑了，你怎么会比我强大！"

小山羊仍然一本正经："不信你跟我来，我证明给你看。"

它把猎狗领进山洞，猎狗再也没有出来。

小山羊继续在洞口打字。

这时老鹰飞到了它的面前："我要吃了你！"

小山羊说："别忙，让我把学术论文打完！题目是《山羊为什么比老鹰更强大》。"

老鹰大笑起来："你怎么敢说自己比我强大！"

"真的，我可以证明！"

小山羊领着老鹰走进山洞，老鹰再也没有出来。

小山羊继续在洞口把它的论文打完，然后拿着论文走进山洞，交给了一头打着饱嗝的老虎。

成功者都善于借用别人的力量和智慧。像有些公司老总就专门聘用职业经理人，做重大决策之前必先开会讨论，遇有特殊事情，必找专家研究，这就是在借用别人的智慧。

借用别人的智慧，我们可以采取下面的方法：与若干不同行业的朋友保持联系，把他们组成一个非正式的"智囊团"。针对自己的需要，参加各种演讲、座谈，倾听别人的高见。而最方便的莫过于读书，书是人类智慧的结晶，借用这种力量和智慧，是我们最便宜快捷的方法之一。

借用别人的力量和智慧来做事，不仅可以把事情做得又快又好，还可以避免主观、武断。

即使你才高八斗，虽有别人不能及之处，但也有不及他人之处。那就借用别人的力量和智慧吧，这样做的人才是最聪明的人！

有的人自视甚高，把自己看成什么都懂的行家，根本听不进与自己相反的意见。很多人就是因为自以为是，不会借助他人智慧，导致失败。或许他们过去的成功一次又一次证明了他们判断的正确性，因此，他们对自己的智商再也不会产生怀疑。他们成功了，事业做大了，所要求的能力也成倍增长。试想，经营一家小店，怎么能跟经营一家商场相比呢？经营一家商场，怎么能跟经营一家集团公司相比呢？他们的能力的确能把一家小店经营好，可是用于经营一家商场就不够了。但是这时他们却仍然盲目相信自己的智商，能力不及，失败成为必然。

当今竞争的社会更需要合作精神。事实上，纵观古今中外，凡是在事业上成功的人士都是善于合作借助他人智慧的人。

借助他人的智慧，其实就是把别人的智慧转化成自己的智慧。在此过程中，顺着别人智慧的启发我们可以得到成长，这正是一种学习。

借用别人的智慧，也可使借助者之间产生一种亲密感，这对人际关系的建立是大有好处的。

汉高祖刘邦在平定天下以后，设宴款待群臣。席间，他对群臣说："运筹帷幄，决胜千里之外，朕不如张良。治国、爱民和用兵，萧何都有万全的计策，朕也不及萧何。统帅百万大军，百战百胜是韩信的专长，朕也甘拜下风。但是，朕懂得与这三位人杰合作，所以朕能得到天下。反观项羽，连唯一的贤臣范增都团结不了，这才是他失败的原因。"

人生有限，智慧无限。如何在短暂的人生中达到一个新的高度，这就需要我们借助他人智慧，以此为助力，乘上成功的列车。

好的对手是塑造你的最好"刻刀"

对手在很多人眼里是心腹大患，是眼中钉、肉中刺，恨不得马上除之而后快。其实，能有一个强劲的对手，反而是一种福分、一种造化。因为一个强劲的对手会让你时刻都有危机感，会激发你更加旺盛的精神和斗志。

　　竞争对手与你是一对矛盾：他可能打败你。但是，没有对手，你也可能不复存在。在运动场上，没有对手就没有胜利者，你的光荣依赖于对手的存在。在商场中，没有对手就没有进步，你的成功依赖于对手的挑战。在政坛上也是如此，一个没有对手的政府将变得越来越腐败。愚蠢的人痛恨对手，消灭对手；而明智的人尊重对手，超越对手。这是两种完全不同的心态与做法。

　　没有对手，你的生存也就没有了意义。

　　芬兰维多利亚国家公园曾经放飞了一只在笼子里关了4年的秃鹰。事过3日，一位游客在距公园不远处的一片小树林里发现了这只秃鹰的尸体。解剖发现，秃鹰死于饥饿。

　　秃鹰本来是鸟中帝王，甚至可与美洲豹争食。然而它由于在笼子里关得太久，远离天敌，结果失去了生存能力。

　　上面的故事对我们不无启发。生活中出现一个对手、一些压力或一些磨难，的确不是坏事。一份研究资料说，一年中不患一次感冒的人，得癌症的概率是经常患感冒者的6倍。

　　没有对手，我们便和那只笼子里的秃鹰差不了多少。丧失斗志和生存能力之后，其结局是十分悲惨的。

　　动物界的生存之道与人是息息相通的。一个人如果没有对手，那他就会甘于平庸，养成惰性，最终导致庸碌无为。一个群体如果没有竞争对手，就会丧失活力，丧失生机。一个行业如果没有了对手，就会丧失进取的意志，就会因为安于现状而逐步走向衰亡。有了对手，才会有危机感，才会有竞争力，才会产生高效率。对手促使你奋发图强，革故鼎新，锐意进取，否则，你便会被吞并，被替代，被淘汰。

　　在绝大多数情形下，不存在这种你死我活的竞争，你和对手之间争的是更大的份额。有时候，消灭一个对手，不但于己无益，反而会造成不利。

　　现代社会，电器行业竞争十分激烈。在北方某大城市里，激烈竞争之后，有苏、李两大商家脱颖而出，他们又成为最强大的竞争对手。

这一年，苏为了增强市场竞争力，采取了极度扩张的经营策略。但由于实际操作中有所失误，造成信贷资金比例过大，经营包袱过重，严重亏损。

这时，许多业内外人士纷纷提醒李，这是主动出击，彻底击败对手，进而独占该市电器市场的最好商机。

李却微微一笑，始终不采纳众人提出的建议。

在苏最危难的时机，李却出人意料地主动伸出援手，拆借资金帮助苏涉险过关。最终，苏的经营状况日趋好转，并一直给李的经营施加着压力，迫使李时刻面对着这一强有力的竞争对手。

有很多曾嘲笑李的心慈手软，说他是"养虎为患"。可李却没有丝毫后悔之意，只是殚精竭虑，四处招纳人才，并以多种方式调动手下的人拼搏进取，一刻也不敢懈怠。

就这样，李和苏在激烈的市场竞争中，既是朋友又是对手。彼此绞尽脑汁地较量，双方各有损失，但各自的收获却都很大。多年后，苏和李都成了当地赫赫有名的商业巨子。

面对事业如日中天的李，当记者提及他当年的"非常之举"时，李一脸平静地说："击倒一个对手有时候很简单，但没有对手的竞争却又是乏味的。"

企业能够发展壮大，应该感谢对手时时施加的压力。正是这些压力，化为我们想方设法战胜困难的动力，进而在残酷的市场竞争中，始终保持着一种危机感。

市场是人做大的。对手之间的竞争，无疑是促使商家发展的重要途径。美国的可口可乐与百事可乐激烈竞争了几十年，将战争从国内打到国外，直到打遍世界每一个角落。这两大对手谁也没有扳倒谁，但也一起成为世界最著名的两大饮料品牌。

所以，对手不仅是我们的敌人，更是我们的好朋友。好的对手，是塑造你的最好"刻刀"。

寻找助力，登上成功的快车

一个人有无智慧，能否获得成功，往往体现在做事的方法上。山外有山，人外有人，借助别人的智慧助己成功，可以更快地登上成功的快车。

阿基米德曾经说过："给我一个支点，我可以撬起整个地球。"而那个支点，便是"撬起地球"的助力所在。在工作与生活中，我们有很多可以得到的助力。

1. 他人的知识

如果你能够在某一时刻运用到某一关键知识，那么所产生的结果将非同一般。它能够为你节约大笔的资金，节省大量时间，甚至能够节省数周、数月的艰苦劳动。由于这个原因，成功人士就像雷达屏幕一祥，不断地扫描他们生活的周围，搜索书本、杂志、音带、文章和各种会议，利用各种机会以获得能够用来帮助自己更快地实现目标的想法和洞察力。

2. 他人的能量

高效率人士总是以寻求委托的途径外包低价值的活动，因此他们能够有更多的时间去做能够给他们带来最高回报的事情。利用他人的能量去办事是很常用也很实用的做事方法，常常能够绝处逢生。

3. 他人的资金

想要成功，资金是我们事业中一项必备的关键资源。但若单凭个人的实力，往往拿不出这么多的资金，银行借贷或其他借贷融资的方法，便成为达成事业的一大助力。始终寻找借用和投资金钱的机会，以便获得超过这些金钱代价的回报。

4. 他人的成功

成功人士为了达到特定的目标，通常在金钱和情感、困境和失望中支付了高昂的代价。通过研究他们的成功之道并学习他们的经验，就可以节约大量的时间，并省去很多麻烦。

5. 他人的失败

本杰明·富兰克林曾经说过："一个人可以购买智慧或者借用智慧。如果购买智慧，他就要在个人时间和财富上支付全部价格；但如果借用智慧，他就可以把从别人的失败中学到的教训变成自己的资本。"俗话说："失败是成功之母。"历史上很多最伟大的成就都是仔细研究相同或相似领域中其他人的失败，然后从中学习而产生出来的。

《红楼梦》中有一句诗："好风凭借力，送我上青天。"一个有才干的人如果不能寻找到自己的助力，那么他的才干就不能够得到最大限度的发挥，而只能在自己的狭小圈子里挣扎。寻找助力，让你的才干更上一层楼，成功不再遥远，伸手可及。

第 三 章

统合综效，做一个高效能的勤奋者

第九节
高效的
勤奋是一种选择

做正确的事，更要正确做事

"最近比较忙"是很多人的口头禅。他们忙着工作，忙着赚钱，忙着学习，忙着消费……"忙"字成了很多人心头唯一的关键词。但是，如果问问他们，究竟为什么而忙，估计他们很多人都无法准确地回答上来。

为什么？因为他们只是瞎忙，没有方法，工作分散到很多点上，却疏忽了关键的工作。

莫尼卡是一家公司的职员，大学毕业后，在求职上并没有费多少周折，就顺利地进入了这家著名的跨国公司。因为她精明能干，善解人意，所以很受老板的赏识。进这家公司没有多久，她很快就由普通员工提拔为经理助理。

为此，她工作更加敬业，每天都帮老板把工作安排得井井有条，和同事关系处理得也很好。

莫尼卡在这里的工作用她自己的话来说是得心应手，心情也很舒畅。在这家公司里，与她同一届毕业的同学当中，她是做得最好的。所以，难免会有同学打电话来询问她一些关于工作上的事情。

善解人意的莫尼卡，每当接到电话时，就积极地帮助他人出谋划策，帮他们解决很多工作上遇到的问题。

这样一来，她就无法专注于有效的工作，经理也批评过她，说："你做这些虽然帮了同事、同学，甚至对提高公司其他人员的工作能力都起到了非常好的作用，可这些事对你来说毕竟都是无效的，这些无效的事迟早会误了公司和你自己的大事。"

但莫尼卡依然故我，每天还是忙忙碌碌的，热心地做着很多分外事。

一次，总部的老板打电话过来，结果电话一直占线，而这一次老板的电话内容是通知莫尼卡的经理：有个重要的合同要与他协商。结果，老板一直等了半个多小时，才把电话打进来。了解到电话占线的原因不是莫尼卡的经理在洽谈别的生意，而是莫尼卡接了一个电话，正在热心地帮助别人，做那些无效的工作后，老板一句话没说就把电话挂了。

直到有一天，正当莫尼卡在修改一份公司报告时，从总部，老板发过来一份传真："莫尼卡很出色，也很努力，但是她没有很清楚地认识到哪些事才是对她和对公司最有效的。我希望下次见到的不是莫尼卡，而是一个能专注于有效工作的员工。"

莫尼卡被辞退了，同事们都感到很吃惊。

后来，这家公司在招聘时，面试题中多了一项——你认为什么样的工作才是有效的？

能够认识到什么样的工作才是有效的，能够使你在工作中事半功倍，处处领先于别人。一名优秀的员工不仅要工作勤奋，而且还要时刻专注于有效的工作，不仅要正确地做事，而且还要做正确的事情。

李剑飞在一家时尚杂志社工作，他最近刚刚被提升为主编。在就职会议上，他向大家发表了一番奇怪的就职演讲。在演讲当中，他谈到"作为你们的同事，我建议大家应该像我一样，学会偷懒，甚至是投机取巧。"李剑飞的这句话刚一出口，立刻就引来了编辑们的一阵窃笑，毫无疑问，这样一位主编确实有些出乎他们的意料。

可更让他们感到意外的事情还在后面呢！

就在演讲结束的时候，李剑飞让秘书给所有的编辑每人发了一本只有十几页厚的小本子，上面的内容非常简单，几乎每一页都印着相同的内容：请列出 6 件即使你不做也不会影响工作效果的事情。在每页纸的最下方还有一行小字：问问自己，为什么你并不需要做这些事情？

看到大家惊愕的表情，李剑飞的脸上露出了笑容："我希望大家好好考虑一下，为什么自己每天会那么忙碌？要知道，对于一名编辑来说，我们所需要的是灵感，而不是堆砌。富有灵性，能够在读者心目当中引发共鸣的文字要远比生硬的堆砌有意义得多。"

这句话似乎在一些编辑心目当中产生了不小的震撼，一些人甚至不自觉地点了点头，好像是在对李剑飞的观点表示同意。

"如果整天让自己忙忙碌碌，我们就很难真正在内心深处体会到文字和图片所产生的力量。实际上，由于几乎我们所有的工作都需要得到别人的协助，所以如果一个人做了一件其实并不需要去做的工作的话，他就会无形之中浪费别人的时间，从而影响整个团队的效率。所以我建议大家能够在会后认真思考一个问题：'到底有哪些事情是不需要做的？'"

说到这里，李剑飞又顿了顿，并总结道："我相信，只要我们能够坚持在两个星期的时间里控制自己不去做那些无关紧要的事情，我们的工作质量和速度就会得到提高，这正是我想要的。"

美国的时间管理之父阿兰·拉金说过："勤劳不一定有好报，要学会聪明地工作。"拉金先生的意思是，一个人只靠忙并不能保证取得好的结果，只有那些能够时刻忙于要事的人才能取得好的结果，成为工作和辛勤劳动的受益者。

能够时刻忙于要事，专注于有效的工作是一个人提高工作效能的关键。区别一个人工作效能高低的一个重要标准不是看他多么努力地工作，而是要看他能不能时刻忙于要事，忙在点子上。

这一点对于勤奋者来说非常重要。一个勤奋者如果无法分清什么工作是有效的，什么工作是无效的，那么他将会忙忙碌碌而一事无成。

简化复杂的事情

许多时候，人们认为简单等于愚蠢，于是他们总是习惯性地将一个问题想得复杂且高深，这不仅成为解决不了问题的借口，使自己得到心灵上的安慰，更为许多人找到了一个标榜自己的机会。因为在大多数人的认识中，一个庞大而烦琐的答案显然比一个简单的答案更有成就感，更富有智慧。所以在孜孜不倦追求这些复杂解题方法的时候，人们变得看不见简单的方法。在日常工作中，经常可以看到这种现象：某位员工就某件事情汇报了半天，领导却不得要领，不知其主要说什么；某位员工就某件事写了一篇文字材料，洋洋数千言，可这件事到底是怎么回事，看了半天也不明白。这是效率低下的普遍表现。

可见，复杂并不一定是最好的，相反，简单在很多时候却是最好的解决方法。随着科技的进步，人们现今追求的是什么？就是使自己的工作、生活越来越简便，让机器代替许多原本复杂的手工工作。

所以，在工作和生活中，我们需要简化一下我们的工作方法和生活方式。

简化是一种高素质逻辑思维的体现。它的优点是条理清楚，层次分明，直接准确，就如同有的人一眼看去就给人一种精干的印象一样，没有多余的装饰，言谈举止绝不拖泥带水。

一家大型的日用品公司换了一条全新的包装流水线，但是之后却连连收到用户的投诉，抱怨买来的香皂盒子里是空的，没有香皂。这立刻引起了这家公司的主意，开始着手解决这个问题。一开始公司决定在装配线一头用人工检查，但因为效率低而且不保险被否定了。这可难住了管理者，怎么办？不久，一个由自动化、机械、机电一体化等专业的博士组成的专业小组解决这个问题，他们研制开发了一种全自动的 X 光透射检查线，透射检查所有的装配线尽头等待装箱的香皂盒，如果有空的就用机械臂取走。

另一家小公司也发生了同样的问题。但由于没有那家大公司的财大气粗，老板请不起专家，便吩咐流水线上的工人务必想出办法解决问题。一个工人申请买了一台强力工业用电风扇，放在装配线的头上去吹每个肥皂盒，被吹走的便是没放肥皂的空盒。

结果，第1个公司花费了大量人力物力才解决的问题，在第2个公司仅仅用一台电风扇便迎刃而解。孰优孰劣，自然清楚。

在生活中，我们经常会遇到一些不好解决的问题，一般人往往会被问题复杂的表面情况所困扰，更甚的是把简单的问题复杂化，令自己头大了3圈，浪费了不少的资源，而结果却是徒劳无功。所以，解决问题最忌讳的就是把简单直接的事情变得复杂，这样问题就会更难以解决，严重影响办事的效率。

实际上，很多时候，解决某些问题只需一个简单的想法、一个直觉，并且照着你的直觉去做，这样就能把自己从令人身心俱疲的思想纠缠中解救出来——看到问题的根本，原来事情就这么简单。

可见，简化是成功的起点。

美国太空署曾遇到过一个难题：怎样设计出一种笔，它能够帮助宇航员在失重的情况下，方便地握在手里，书写起来流利，且不用经常灌墨水。在绞尽脑汁都想不出解决问题的方法后，太空署只好求助于社会公众。最后，最有效的方法来自于一位小女孩，她的建议是："试一试铅笔吧，如何？"问题就如此简单地解决了。如果说聪明，那个小女孩一定比不上太空署里的那些科技人员，但是在小女孩的脑中，没有将问题复杂化，没有数学、物理、化学公式的困扰，只是针对简单的问题简单思考。

简化是智慧的一种运用。面对纷繁复杂的问题，做事的思维和方法应该由简切入，以简驭繁，化繁为简，避免陷入漫无头绪的窘境。简单的东西，往往是最有力量的。如果说四两拨千斤是中国功夫最高境界的话，那么，化繁为简就是实践的最高境界。

一旦你拥有化繁为简的智慧，你自然会进入一个自己都意想不到的广阔天地。

建筑师设计了位于绿地四周的办公楼群。竣工后，园林管理部门的人问他人行道该铺在哪里。"把大楼之间的空地全种上草。"建筑师回答。

夏天过后，在楼间的草地上踩出了许多小脚印，优雅自然，走的人多就宽，走的人少就窄。

秋天，这位建筑师让人沿着这些踩出来的痕迹铺设人行道。这是从未有过的优美设计，和谐自然地满足了行人的需要。

比起绞尽脑汁的精心设计，这种简简单单的方法反而使道路的设计出现了前所未有的优美和创新。这个故事可以说是把简单化发展到臻境的一个典型事例。

很多时候，复杂让人劳心劳力又费时，成果却不大。这些复杂让人身陷在一团乱麻之中，解不开，理还乱。

"麻烦"与"死结"多是你的想法，而你是否也愿意改变自己原有的某些想法，来接受一些独特简单的好主意，让你的心灵、人生获得意想不到的升华呢？

做到方法总比问题多是一项技能

很多人总是忙忙碌碌如蜜蜂般勤劳，一刻也舍不得停下脚步。他们总是比别人跑的路程多，却采到很少的蜜。

有些人，做起事来总悠悠闲闲、轻松又惬意，享受做事的过程。他们总能在谈笑间将任务准时或提前超标准地完成，用最短的路收获最大的成果。

这是为什么？

这是因为前者工作没有方法，做事像无头苍蝇一般，虽然"勤奋但没有方法，显得盲目"，无法得到成效；而后者做事时会"抄近路"，有一套自己的方法。

做事，其实就是解决问题、实现目标的过程。在这个过程中，选择好的方法至关重要。采用正确的方法，我们以最少的时间、最少的资源实现目标。

很多人虽然不缺少热情，也绝对的勤奋，但因为没有方法，只能收到不尽如人意的效果。

他们在工作开始时并没有仔细地思考过，或者说是盲目地开始了工作。尽管从表面看来，他们也很努力，在加班的行列里天天都能看到他们的身影，但由于没有方法，他们走了很多弯路，做了很多无用功，效率自然低下。

小王毕业于一所名牌学校并在国外留学"镀金"回来，在国内一知名金融企业工作，有着别人羡慕的教育经历，他也是公司公认的勤奋员工。但在公司呆了 5 年后，那些学历不如他、比他后进的员工都升上了部门经理、主管的职位，小王依然原地踏步。这是为什么呢？

每一次上司布置任务时，小王都会以百分之百的热情投入工作，他会找到所有需要的数据进行分析，事无巨细，无论什么问题都非要弄个清楚明白，工作毫无章法。随着时间一天天地过去，他并没有拿出一个切实可行的办法。坚信"愚公移山"精神的他工作不会找捷径、找办法，到每年的绩效考核中，他的排名都垫底。

工作是不断变化的，而我们也应该知道变通，不要死守某一固有工作方法，否则就会累得够呛，效果也不好。

工作无方法或是以错误的方法工作，都直接导致了工作效率的低下。虽然消耗了大量精力，也花去了大把的时间，却没有出现设想中的产出。

一个会"偷懒"的成功者，能够在工作中主动找方法，用自己的智慧找到做事的捷径，出色地完成工作；同时，也在主动思考中为自己铺就一条通往成功的大道。

北京某白酒厂职工铁亮虽然平时工作不认真，但关键时刻肯动脑筋，公司根据他的这一个人特点派他去推销库存的白酒。铁亮望着库房中堆成山的成品酒，心中盘算：这百年酒厂，素以质量取胜，深受各界欢迎，而今大量滞销，是因为产品已不适销，特别是主要市场——北京及城郊各县消费水平正在不断提高，饮酒的口味也发生了变化，但其他一些较落后地区的白酒市场却有待开发。于是，铁亮果断地带上 10 箱白酒，由一位朋友带领，北上通辽等地。铁亮每到一地，就请当地批发部门领导品酒，还自作主张，允诺可以赊销。而当时公司的情况正是大量欠款收不回来。可铁亮自有他的高招，在打通主批发渠道后，又将带来的酒瓶商标送给各小饭馆、旅店、零售店做招贴画。接着他又跑到各商店里，在人家的烟酒柜台上摆放一些美观的玻璃容器，然后注满甘冽的白酒，顿时酒香满堂，竟也有些"葡萄美酒夜光杯"的韵味。许多消费者十分好奇，争相购买。各销售网点纷纷向批发部门进货，一时竟供不应求。这时铁亮反过来，要求批发部门以现金付款，同时提价 5%。原来，他使的是欲擒故纵的计谋。

公司领导很快了解到这些情况，立即任命铁亮为东北、内蒙古地区销售经理，负责东北、内蒙古地区的产品销售。

吕思是一家知名外资企业的生产主管，他在工作中曾遇到过一道看似不可逾越的屏障。有一次他着手实施的某项新产品设想，已经通过了所有的关卡，但唯独没有得到工厂主管的签字。而且经过与这位工厂主管的多次讨论之后，得到的结论是工厂主管并不赞成他的这项设想。可是新产品一旦实施，会给工厂带来可观的效益，怎能就这样轻易放弃呢？为了消除对方的对立情绪，吕思想出了一套办法。首先，他请两位工厂主管非常尊敬的人给工厂主管送去两份（有利于这项新产品的）市场研究报告；然后请本公司最大客户代表帮忙，请他在电话交谈时，提到这项新产品发展计划，并且表示"我很希望此项目如期完成"。接下来，他利用一次开会的机会，让两位工程师在开会之前接近这位工厂主管，讲一些有利于这项产品的实验结果。最后，他召集了一次会议，讨论这项产品，他请来的人都是工厂主管比较喜欢或者尊敬的人，而且这些人都觉得这项新产品设想不错。这次会议的第 2 天，产品部经理就请工厂主管签字，结果成功了。

这两个故事给我们的启示是：喜欢动脑，在工作中找方法和捷径的人是最优秀的人，也是社会所需要的人。

有一句话叫"方法总比问题多"，找到方法，找对方法，在今天这样一个处处以结果说话，以事实说明问题的时代，已经不可替代。对每个人而言，能够找到、找对方法已成为个人职业生涯中一项最重要的技能。

"抄近路"有方法

"工欲善其事，必先利其器"，我们在工作中，必须要学会利用手边的工具，这是工作"抄近路"的一大方法。懂得借助工具的人，往往可以将复杂的事情变得简单，从而快速高效地完成工作。

在21世纪的今天，科技的发展已经极大地改变着我们的生活，现代化工具的广泛使用，可以大幅度提高我们的工作效率。

打电话，省时省力，快速准确，是现代人联系的必备工具，可以在最短的时间里实现沟通的目的。

电脑以及其他办公设备的应用，在很大程度上，减轻了工作强度，增加了工作效率。例如电脑打印代替了人工手写方式，这种方法不仅便于保存和管理资料，而且可以降低纸张的使用，同时更快捷方便；办公设备则在最大限度上满足了今天人们多样化的要求。

现代网络的普及使一个庞大的地球变成了一个微小的地球村。建立网络，可以促进企业内部与企业之间的信息和资源共享，同时可以实现远程管理和相互沟通。在信息社会的今天，互联网已经成为一种新的媒体力量——"第四传媒"，并有超越和改变传统媒体格局的趋势。视野的开阔以及信息的快捷、丰富，可以帮助我们在第一时间里了解到自己需要的信息资源。

人的时间和精力都是有限的，因此善于利用工具的人，才可以为自己节省时间，完成更重要的工作。

做事有条理也是提高工作效率的方法之一。做事有序，让我们可以少走很多弯路，工作快速有效。

常言道："万物有理，四时有序。"自然界是这样，人类社会也是这样。事物发生发展、运动变化的过程和步骤，都有客观规律。所以，在实际工作中，要求我们办事情必须有条理、讲程序。

有这样一则关于做事要有条理的故事。

古时候，有一个人遇到一个多年不见的朋友，他邀请这个朋友到家中做客。这个朋友欣然答应。多年不见，这个人很高兴，也很兴奋，忙去给朋友泡茶。但因为平时懒散惯了，不知道茶杯、茶叶放在哪个角落。于是，他开始翻箱倒柜地找，好不容易找到一只落满灰尘的茶杯。他洗好茶杯，才想起茶叶还没有找到，又费了九牛二虎之力才找到茶叶，正准备泡茶，却发现壶里的开水早已用完。于是，他又匆忙开始烧开水，等到水烧开了，朋友却早已离开。

朋友来了，要泡茶，就要烧开水、找茶叶、洗茶杯。完成这些我们可以有不同的办法：

找茶叶——洗茶杯——烧开水

洗茶杯——找茶叶——烧开水

找茶叶——烧开水——洗茶杯

洗茶杯——烧开水——找茶叶

烧开水——找茶叶——洗茶杯

烧开水——洗茶杯——找茶叶

如果等洗茶杯与找茶叶这两件事做完后才想起烧开水，费时又费力。但是调整顺序，先烧开水，在烧水的同时洗杯子、找茶叶，效率会大大提高，由此可见，后面两种是最佳方法。

办事情遵照有序化原则是一种非常理性的做事理念，它可以使你对做事情顺序的安排更加合理，时间的分配更加有效，从而避免东一榔头，西一棒子，最后事情却没有办好的结果。办事情有条理，不仅可以避免许多重复工作，还可以让我们更加明确自己做事的目标和逻辑，可以使我们能够更好地总结经验，为做好下一步的工作打好基础。

无论是利用工具，还是办事条理化，都是为了提高工作效率，为工作找近路，其实还有很多工作方法，只要我们去思考，去发现，就会找到自己的工作捷径。

第十节
提高效率，
为勤奋锦上添花

提高效率从自我管理开始

自我管理，可以定义为自己给自己制定一个纪律。自我管理，其实是在规范自己的意识和行为。具有自我管理意识的人，往往会以最少的努力得到最大的效率，因为他们在思想和行动中摒弃了多余的无用功。

"纪律"这个词来源于信徒，也就是跟随者的意思。信徒和跟随者所跟随的是值得他们学习、敬仰的老师。自律，从这一方面来说，就是以己为师，自我修炼、自我学习。你必须在思想上认定没有人能够比你更好地教你自己，没有人比你自己更值得你去跟随，没有人能比你更好地改正你自己。你要愿意做这些事情，你要愿意教育自己，你要愿意跟随自己，你要愿意在必要的时候惩罚自己。

缺少自我管理的才华，就好像穿上溜冰鞋的八爪鱼。眼看动作不断可是却搞不清楚到底是往前、往后，或是在原地打转。一个能自我管理的人，是一个成熟的人，是一个对自己负责任的人，自我管理，是提高效率的一个非常重要的方面。

李嘉诚先生曾经这样评论自我管理的作用："想当好管理者，首要任务是知道自我管理是重大责任，在流动与变化万千的世界中发现自己是谁。了解自己要成为什么模样是建立尊严的基础。自我管理是一种静态管理，是培养理性力量的基本功，是人把知识和经验转化为能力的催化剂。"

"我欣赏的是那些能够自我管理、自我激励的人，他们不管老板是不是在办公室，都一如既往地勤奋工作，从而永远都不可能被解雇，也永远都没有必要为了加工资而罢工。"这是哈伯德在《致加西亚的信》这本书中所强调的观点，他认为自我管理具有十分重大的意义。

要想提高效率，就必须提升自己的自我管理意识，不管你做的是多么普通、枯燥的工作，都要做好自我管理、自我激励。

自我管理，可以从以下几个方面入手。

1. 思想和行动讲究效率

能用一句话说明白的事不用两句话，能用 5 分钟说完的话，绝不延长到 10 分钟。俗话说："蛙叫千声，不如晨鸡一鸣。"美国著名作家马克·吐温在回答"演说词长的好还是短的好"时，幽默地说："有个礼拜天，我到教堂去，适逢一位传教士在那里用令人哀怜的语言讲述非洲传教士的苦难生活。当他说了 5 分钟后，我马上决定对这种有意义的事情捐助 50 美元；当他接着讲了 10 分钟后，我就决定把捐助的数目减至 25 美元；当他继续滔滔不绝地讲了半小时之后，我又从心里减到 5 美元；最后，当他又讲了 1 小时，拿起钵子向听众哀求捐助并从我面前走过的时候，我却反而从钵里偷走了两美元。"

2. 工作突出重点

我们面临的工作千头万绪，而时间和精力却是有限的。为了提高效率，必须对时间实行科学管理，把自己的精力集中用在最重要的问题上。美国企业管理顾问艾伦·莱金编制每天工作时间表。他把每天的工作分为A、B、C三类。A类最重要，B类次之，C类可放一放。把 60% ~ 80%的时间用来处理A类工作，其余时间处理B类的事。现在西方不少管理者口袋里都带着一本《效率手册》，用它来对照安排自己的时间，力求主动驾驭时间，提高时间利用率。

3. 投资核算时间代价

例如：如果一个项目投资 1 亿元，企业得到投资后就得付出利息，平均每年利息是 10%。1 亿元资金，每年要付出 1000 万元利息，每月要付出 833333 元，每天要付 27777 元，每分钟要付 19 元。若不及时使用投资取得效益，每分钟都有损失。我们做的很多事情其实都是对人生的投资，因此我们一定好好核算自己的资本，做事情一定要抢时间，争速度。

4. 抓时机力求及时

时机是事物转折的关键时刻。抓住了时机，可以事半功倍，以较小的代价取得较大的效果。错过时机，往往会使到手的成果付诸东流。"一着不慎，满盘皆输"。注重时效思考的自我管理者必然注意审时度势、捕捉时机、当机立断。

在为事业奋斗的过程中，自我管理意识是必不可少的，它可以提高我们的能力和自身资源的利用率，提高做事情的效率。自我管理的过程，其实就是我们控制自己欲望的理性过程，犹太人有一句谚语："谁是英雄？那些能够战胜自己欲望的人就是英雄。"

我们想要以最少的努力获得最大的成功，就要做战胜欲望的英雄，做一个高效能的自我管理者。

分清轻重缓急，不为小事抓狂

下面有几个问题，可以测试你的处事能力究竟如何。

（1）你是否经常感到工作繁忙？

（2）你能判断哪些是最重要的事情吗？

（3）如果遇到重大问题，你会果断地决定去做吗？

（4）面对繁多、紧急的工作，你会偏离大方向吗？

（5）你是否经常延误时间，觉得时间不够用？

若是回答中有过多的否定，你则要反省自己，是不是没有分清工作的轻重缓急。许多人在处理日常生活的方方面面时，的确分不清哪个更重要，哪个更紧急。这些人以为每个任务都是一样的，只要时间被忙忙碌碌地打发掉，他们就从心底里高兴。他们只愿意去做能使他们高兴的事情，而不管这事情有多么不重要或多么不紧急。

但是，懂得生活的人都是明白轻重缓急的道理的，他们在处理一年或一个月、一天的事情之前，总是按分清主次的办法来安排自己的时间。

一旦你设定了轻重缓急的做事原则，你就能减轻工作压力，享受到工作中的乐趣。以这一原则为中心，做事自然能得心应手。

有人说："只要勤奋就能创造高效率。"其实在最短的时间内完成最多的目标才能创造出高效率，而其前提就是做事分清轻重缓急。有时也许会出现看似紧急实则无所谓的事，此时，你只要把握好"重要的事优先"的原则，就能在繁杂的工作中更有效地利用时间，而你的生活也将变得井然有序。

抓住有限的时间，去做对人生最有意义的事情，是让生命更有价值的重要条件。为那些无谓的小事浪费精力与时间其实是在浪费我们的生命。所以，在你脑海中一定要有轻重缓急的概念，即使在紧急的情况下，也不要偏离你的大方向。

所谓分清轻重缓急，就是要设定做事情的顺序，并把最重要的事放在第1位，当你决定了什么是重点后，再按计划来进行。

要做到这一点，我们需要以下几个步骤。

1. 把重要的事情摆在第1位

商业及电脑巨子罗斯·佩罗说："凡是优秀的、值得称道的东西，每时每刻都处在刀刃上，要不断努力才能保持刀刃的锋利。"

面对成功目标，不能眉毛、胡子一把抓，要善于挑选出最重要的事，并做到尽善尽美，这样才可能让自己的目标变为可见的现实。在工作和问题面前，应问问自己，哪一些真正重要，并把它们作为最优先处理的问题。

根据你的人生目标，你就可以把所要做的事情制订一个计划，有助你实现目标的，你就把它放在前面，依次为之，把所有的事情都排一个顺序，并把它记在一张纸上，这就成了事情表，养成这样一个良好习惯，会使你每做一件事，就向你的目标靠近一步。

我们在工作中需要处理的事情往往不止一件，这时我们就需要有一个详尽的计划帮助自己有条理地工作。制订计划，可以帮助我们分清楚事情的轻重缓急，防止出现既想做这件事而弄得又想做那件事，手忙脚乱的情况。而且，对于事情的准确划分，可以使我们从琐碎的日常事务中解脱出来，拥有自己的思考时间，优先考虑那些真正紧急的、重要的事情。

要做到这一点，首先不能够被过去限制住，应尽量摆脱过去，着眼于未来。把精力过多地用在过去的事情上，我们就无法拥有更好的明天。因为昨天已经过去，昨天并不会再给我们带来更好的结果，必须把资源投到未来的工作中去。

诚然，人们不可能完全摆脱过去，今天是由许多个昨天堆积而成的。现在总是过去所做的决策和所采取行动的结果。有时，我们需要花费一部分时间和精力，去弥补过去行动和决策所造成的不良后果。对此，我们要有清醒的认识，不能够让自己把所有的时间都花在昨天的遗留工作上。要尽量压缩过去遗留下来的，并不能再有新产出的工作。我们的精力和时间应该尽量用在未来的工作上。

另外，我们很容易将事情的紧迫程度作为我们处理事情的标准。如果一件事情很紧急，我们往往会立即动手解决，而对暂时不紧急的工作，就无限期拖延，这是导致很多人工作效率低的原因之一。当我们决定做事情的优先次序时，需要做长远考虑，按重要程度而不是紧急程度来选择工作的优先次序。

2. 根据轻重缓急开始行动

在确定了什么事该做，什么事不该做之后，我们必须按所做事情的轻重缓急开始行动。大部分人是根据事情的紧迫感，而不是事情的优先程度来安排先后顺序。这些人的做法是被动的而不是主动的。懂得生活的人不会这样，他们会按优先程度开展工作。

把事情按先后顺序写下来，做个进度表。把一天的时间安排好，这对于你成就大事是很关键的。这样你可以每时每刻都集中精力处理要做的事。接着可以延伸开来，安排一个长远的时间计划。这样做给你一个整体方向，使你看到自己的宏图，从而有助于你达到目标。

订下计划后，就应该立刻行动，绝不拖延。

或许在做一件重要事情的同时，总会有许多琐碎的小事来干扰我们，比如说电话或有人拜访。因为电话一响，就要去接；别人拜访，就要接待。这些事情在我们的生活中有时是不可避免的。

我们绝不要轻易受这些事的干扰。这并不是要求你关门修炼，而是建议你尽量不要让那些琐碎的事干扰你，以至于使你偏离了实现你人生价值的大目标。

我们在做重要的事情时，不要被一些琐碎之事捆住手脚，否则很难顺利地实现目标。我们要敢于相信别人，在亲自抓好重点工作的同时，大胆发动大家去做具体的事情，千万要想办法排除琐碎之事的牵绊，这样才能把办事效率迅速地提高上来，让我们不会因小失大，为小事抓狂。

专注是效率的保证

"专注"就是把意识集中在某个特定的欲望上的行为，并要一直集中到找到实现这个愿望的方法，直到成功地将其付诸实践为止。

专注，是效率的保证。假如你能几十年做同样的一件事，你肯定就能把它做好做精，那么，你在这个专业领域也就有了发言权，有了别人无法取代和超越的地方，这样你就能在这个领域牢牢地站稳脚跟，成为一个成功的人。

著名华人物理学家丁肇中先生，仅用 5 年多时间就获得了物理、数学双学士和物理学博士学位，并于 40 岁时获得了诺贝尔物理学奖。丁肇中先生曾经这么说："与物理无关的事情我从来不参与。"

吉鲁德指出："多数人的失败，往往都不是因为他们无能，而是因为他们心意不专。"

见过攀岩吗？攀登峭壁的人从来不左顾右盼，更不会向脚下的万丈深渊看上一眼，他们只是聚精会神地观察着眼前向上延伸的石壁，寻找下一个最牢固的支撑点，摸索通向巅峰的最佳路线。事业就如同攀岩，只有专注，才能取得成功，达到事业的巅峰。

"专注"虽是一项困难的功课，却是我们必学的人生科目。很多人因为曾想做这个、做那个，结果反而一事无成。机会稍纵即逝，一定要坚定你的信念，这样才能抓住你一直所追求的机会，达到你的目标。

一个青年对昆虫学家法布尔诉苦求救："我不知疲劳地把自己的全部精力都花在我爱好的事业上，结果却收效甚微。"法布尔赞许说："看来你是一位献身科学的有志青年。"这位青年说："是啊！我爱科学，可我也爱文学，对音乐和美术我也感兴趣。我把时间全都用上了。"法布尔从口袋里掏出一个放大镜说："把你的精力集中到一个焦点上试试，就像这块放大镜一样！"专注如同放大镜一般，会激发出人无限的潜力，让工作充满效率。

法布尔本人就具有这种专注的品质。他为了观察昆虫的习性，常达到废寝忘食的地步。有一天，他一早就俯在一块石头旁。几个农妇早晨去摘棉花时看见法布尔，到黄昏收工时，她们仍然看到他伏在那儿，她们实在不明白："他花一天工夫，怎么就只看着一块石头，简直中了邪！"为了观察昆虫的习性，法布尔就这样不知辛劳的花费了无数个日日夜夜。

一心一意地专注于自己的工作，是每一位高效人士获取成功所不可或缺的品质，当你能够这样专注地做每一件事时，成功也就指日可待了。

爱迪生说过，高效工作的第1要素就是专注。他说："能够将你的身体和心智的能量，锲而不舍地运用在同一个问题上而不感到厌倦的能力就是专注。对于大多数人来说，每天都要做许多事，而我只做一件事。如果一个人将他的时间和精力都用在一个方向、一个目标上，他就会成功。"

专注要求我们在做一件事时就要做好它，下面这段摘自名叫《觉者的生涯》的书中的对话，或许能更好地解释这种状态。

释迦牟尼说道："我一时专注于一件事。当我用斋时，我用斋。当我睡觉时，我睡觉。当我谈话时，我谈话。当我坐禅时，我入定。这就是我的实践。"

"不是你一个人这样，我一时也只是做一件事。"释科马上反驳道。

"不，先生，你在和我讲话，但你却怒气冲冲，你憎恨、恼怒。你使你自己激动不已。不要这样，安静下来吧。心平气和地和我谈话。"

能够在每一件事上都做到专注，大概只有释迦牟尼这样的人才能做到，但是，在工作的时候做到专注，你也可以做到。

1. 专注提升你的竞争力

做事专注，可以提高一个人的职场竞争力。在现在的社会中，想必没有哪个企业会喜欢做事三心二意的员工，一个做事心不在焉的人也不可能成为一个高效能人士。从这个意义上来说，工作专心致志的人，才能更好地把握工作中的机会，才能受到老板的器重和提拔。

当麦肯利还是一名从俄州亥俄来的国会议员时，胡佛总统便对他说："为了取得成功，获得名誉，你必须专注于某一个特定方向的发展。你千万不可以一有某种情绪或者方案，就立即发表演说，把它表达出来。你固然可以选择立法的某一个分支作为你学习的对象，但是，你为什么不选择关税作为你的学习对象呢？这个题目在接下来的几年中都不会被解决，所以，它将为你提供一个广阔的学习天地。"

这些话语一直萦绕在麦肯利的耳边。从此，他开始研究关税，不久以后，他就成为这个课题上最顶尖的权威之一。当他的关税方案被参议院通过时，他到达了自己事业的顶峰。

同样，职场之中获得晋升的往往也是那些做事专注、心无旁骛的人。如果你想在职场中出类拔萃，就应当像麦肯利那样，一心专注于自己的目标。

2. 专注有助于克服困难

当我们着手某一项工作时，要全身心地投入，千万不要三心二意，如果你能认真到忘我的程度，就会体会到工作的乐趣，就能克服困难，达到他人无法达到的境界，并获得相应的回报。

李平是一家广告公司的创意文案。一次，一个著名的洗衣粉制造商委托李平所在的公司做广告宣传，负责这个广告创意的好几位文案创意人员拿出的东西都不能令制造商满意。没办法，经理让李平把手中的事务先搁置几天，专心把这个创意文案完成。

接连几天，李平在办公室里抚弄着一整袋的洗衣粉想："这个产品在市场上已经非常畅销了，以前的许多广告词也非常富有创意。那么，我该怎么下手才能重新找到一个点，做出一个与众不同又令人满意的广告创意呢？"

有一天，她在苦思之余，把手中的洗衣粉放在办公桌上，又翻来覆去地看了几遍，突然间灵光闪现，想把这袋洗衣粉打开看一看。他找了一张报纸铺在桌面上，然后，撕开洗衣粉袋，倒出了一些洗衣粉，一边用手揉搓着这些粉末，一边轻轻嗅着它的味道，寻找灵感。突然，在射进办公室的阳光照耀下，她发现洗衣粉的粉末间遍布着一些特别微小的蓝色晶体。审视了一番后，证实的确不是自己看花了。她立刻起身，亲自跑到制造商那儿问这到底是什么东西。她得知这些蓝色晶体是一些"活力去污因子"。因为有了它们，这次新推出的洗衣粉才具有了超强洁白的效果。

明白了这些情况后，李平回去便从这一点下手，绞尽脑汁，寻找最好的文字创意，因此推出了非常成功的广告方案。广告播出后，这个产品的销量急速攀升。

3. 专注激发工作乐趣

盖尔柯是德国西门子公司中国区的第1任营销总监，他为德国西门子公司的电子产品占领中国市场立下了汗马功劳，他本人也因此赢得了很高的荣誉。当记者问他是不是有什么成功的秘诀时，他当时说了这样一段话：

"秘诀谈不上，我从1983年开始在西门子工作，至今已经干了19年。我始终有一个座右铭，即工作要专心致志，要在从事的工作中寻找乐趣，要有改变现状的决心，要能找到解决问题的方法，要有实际的行动。近20年来，我一直坚持这样的信念，我在西门子的市场部和产品销售部都工作过，如果说取得了一些成绩，这就是其中的原因。"

专注是医治工作狂躁症和工作厌恶症的良方，因为当一个人集中精力专注于眼前的工作时，就会减轻其工作压力，做事不会觉得令其生厌，也不再风风火火和狂躁不安。由于工作的专注，还能激发一个人更热爱公司，更加热爱自己的工作，并从工作中体会到更多的乐趣。

无论是圈内还是圈外，那些在事业中取得重大成功的人，不仅养成了专注工作的习惯，还把专注工作看作是自己的使命。很多企业都是将做事是否专注用来衡量一个人职业品质的标准之一，一些企业文化里面所提倡的"干一行、专一行"就是要求员工在工作中能够做到专注，全身心地投入，这也是员工务实和敬业精神的主要体现。

如果你在工作的时候脑子里总是想着当天的热门新闻，或者回味着昨晚的电视节目，或者考虑着怎样完成另外一份工作，那你就连最基本的"专注"都做不到，根本谈不上爱岗敬业，也更谈不上有工作效率，你只会在混乱和无助中结束自己的职业生涯。

只有把专注当作工作的使命去努力完成，并逐步养成专注于工作的好习惯，你的工作才会出成效，也会变得更加富有乐趣。

人的大脑只有在持续不间断地处理一件事情的时候才能发挥最佳功能，只有专注地去做一件事情才能取得最佳效果。

专注于某一件事情，哪怕它很小，只要你努力去做，总会有不寻常的收获。

不求多而全，一次就做好一件事

在我们的生活中常常会看见这样的人，他们在选择人生目标的时候，常常是什么都想做，这样的人，即使有再大的才华，到头来也是一事无成。

一个失败的猎人向每次打猎总是满载而归的人求教方法。后者说这太简单了，当你遇到两只野鸡的时候，不要同时去追赶它们，你只能选择其中的一只追下去。

这看似极其普通的话，其实就是真理。因为每个人都不可能同时向东西两个方向行进。

　　无数的失败者之所以没有成功，不是因为他们才干不够，而是因为他们不能集中精力、不能全力以赴地去做适当的工作，他们使自己的大好精力东浪费一点儿、西消耗一些。如果不求多求全，一次就做好一件事，使生命力中的所有养料都集中到一个方面，那么他们将来一定会惊讶——自己的事业上竟然能够结出那么美丽丰硕的果实！

　　"一鸟在手，胜过百鸟在林。"有专门技能的人随时随地都在这方面下苦功求进步，时时刻刻都在设法弥补自己在这方面的缺陷和弱点，总是想到要把一件事情做到极致；而求多求全的人就和他不一样，他可能会忙不过来，要顾及这一点又要顾及那一个，由于精力和心思分散，事事只能做到"尚可"为止，结果当然是一事无成。

　　80后代表作家韩寒曾经说过："所谓全才，其实就是全角平庸。"我们必须专心一致，对自己的工作全力以赴，这样才能有出色的业绩。

　　聪明的人最懂得把全部的精力集中在一件事上，唯有如此，方能在一处挖出井水来。聪明的人也善于依靠不屈不挠的意志、百折不回的决心以及持之以恒的忍耐力，努力在各种生存竞争中获得胜利。

　　每个人都希望自己的一生能有所作为，而专心致志是学有所成的必要条件。一个人的精力有限，只有当他全神贯注于某件事时，他才会在这方面取得成绩。

　　世界上一些有名的公司，像英特尔只生产处理器，可口可乐只生产饮料，IBM只做电脑硬件，这些企业因为专注于自己的领域，都成为百年不衰的老字号、世界知名企业。相反，一些企业遍地开花，什么行业都想插一手，反而丢了自己的特长，很快走向衰落。

　　一次做好一件事，甚至一生做好一件事情你才可能将全部的精力集于一点，你才可能全身心地投入，你成功的概率才会更大。

　　《成功杂志》的西奥多·瑞瑟曾对爱迪生进行过采访。

　　瑞瑟："成功的首要因素是什么？"

　　爱迪生："每个人整天都在做事情。倘若你早上7点起床，晚上11点睡觉，你做事就做了整整16个小时。其中大部分人一定一直在做一些事情，不同的是，他们做很多很多事，而我却只做一件。如果你们将这些间运用在一件事情、一个方向上，一样会取得成功。"

在太多的领域内都付出努力，我们就难免会分散精力，阻碍进步，最终一事无成。

伊格诺蒂乌斯·劳拉有一句名言："一次做好一件事情的人比同时涉猎多个领域的人要好得多。"圣·里奥纳多在一次给校友福韦尔·柏克斯顿爵士的信中谈到他的学习方法，并解释自己成功的秘密。他说："开始学法律时，我决心吸收每一点获取的知识，并使之同化为自己的一部分。在一件事没有充分了解清楚之前，我绝不会开始学习另一件事情。我的许多竞争对手在一天内读的东西我得花一星期时间才能读完。而1年后，这些东西。我依然记忆犹新，但是他们却早已忘得一干二净了。"

第十一节
小细节
决定勤奋成效

不要为你的错误透支更多的精力

荣誉就像一件华美的外衣，拥有它是一件非常幸福的事情。

但太过注重这件华美的外衣，"幸福"便会变成"不幸"。有的人因为虚荣心，有了错误也不愿意承认，这样做的结果只能是自毁荣誉。

当错误发生时，解决它的最好办法是及时认错，不要为你的错误支付更多的精力。

其实犯错误并不可怕，那是我们生活的一部分，不可避免，而且错误可以教会我们用另一种方式做事。

当我们犯错误时，我们完全没有必要花费精力为它掩饰，甚至固执地寻找"自圆其说"的办法，而应该换个角度想一想："是不是还有其他方法呢？""我可以从中学到什么？"

许多人对犯错误有着极大的恐惧。他们因为害怕承认错误，结果用更多的精力去支援错误，以致错上加错，使"勤奋"在错误的道路上越走越远。也许仅仅是一个小故障需要排除，但他们却不肯改变自己的方向和看法，固守着旧路。

恐惧犯错误必然导致你的效率低下，因为你宁肯停滞不前，也不愿走到新的路上去。

如果你总筋疲力尽地做一件事，结果却越做越糟，你就需要问自己：是真的很忙，还是在为你的过错支付过多的精力？错误并不可怕，可怕的是错上加错，这样不仅会浪费你宝贵的时间和精力，还会使你失去许多机会。

如果你的工作并不比别人多，而你仍然觉得很忙，你就需要反省一下，有没有陷入这种错上加错的境地。

掩饰错误不仅会导致事情本身的失败，还会妨碍你做的其他更重要的事情。掩饰错误、固执已见的代价是在你支付了更多的精力后，以前的种种努力都成为云烟。例如，做一个玩具娃娃，你的工作是将娃娃的身体和头组装到一起，而接下来下一个人的工作是给娃娃画出眼睛。当传送带将娃娃从你那里送到你的下一个同事那里时，应该是一个已成型的娃娃，但因为你的错误，使娃娃头与身体的连接点搞错，你却还硬要塞进去，结果，整个娃娃都报废了。你的工作是整个工作程序中必不可少的一环，即使你在组装时不小心将娃娃的头装歪了，只要你稍稍修正，娃娃还是可用的。

一个人易犯的大错，就是不敢犯错。

为了避免犯错，很多人都会在工作中采取下面的行动：一种是尽量不做太多的决定，而且尽量拖延做决定的时间；另一种是用一个现成的东西来代替所要做的决定。采用后一种行动的人会仓促地做决定，这造成他所做的决定大都不成熟，而且很可能会半途而废。而前一种就会拖拖拉拉，无法成事。

很明显，采取这两种方法都是错的。为了避免犯错，而过于重视错误，这本身便是一种错误，更何况在工作中它更容易导致我们犯错。

犯错误是不可避免的，不要太过在意犯错，选择你认为最好的解决办法并大胆去做，边前进边改正你的错误，这才是你应该做的。

许多人在谈到他们的成功时都认为，自己从错误中比从成功中得到了更多的启发。

爱迪生夫人说："爱迪生不断使用去除法解决问题。如果有人问他是否因为犯错误而感到泄气，他一定回答说：'不！我才不会泄气。每抛弃一种错误的方法，我也就向前跨进了一步。'"爱迪生这种勇于挑战的习惯值得我们学习。

犯了错误后，很多人采取"死不承认"的态度。心理学家高伯特说，人们只在不关痛痒的旧事情上才"无伤大雅"地认错。这话虽然说来不胜幽默，但却是事实。

不愿承认自己的过错，这其实是虚荣心理的一种自然反应。有些人明知自己犯错而不愿承认错误，因为他们认为这是一件很丢脸的事情。然而事实上，能承认自己错误的人，往往会得到别人的谅解，并给人以谦恭有礼、勇于负责任的良好印象。有趣的是，当你勇于承认错误时，别人为了减轻你的不安，反而会不自觉地为你辩护。

人非圣贤，孰能无过？重要的是犯了错就应坦率地承认，不让错误继续蔓延下去。知错能改，才是明智的做法。

1948年，在伦敦举行的第14届奥运会的一场马拉松决赛中，比利时名将阿尔贝·斯马达一路遥遥领先，不料跑到半程时，脚上穿的阿迪达斯跑鞋破裂，而且裂缝不断扩大，结果使本来可以收入囊中的金牌拱手让人。当时的新闻媒体大肆渲染了这一事件，使得阿迪达斯公司声名狼藉。

面对如此重大的事故，阿迪达斯公司没有回避或为自己辩解，而是公开向阿尔贝·斯马达道歉，并决定把这一批流落到世界各地的跑鞋一律按原价收回，承担代理商的一切经济损失。为了让公众重新恢复对阿迪达斯的信任，公司狠抓产品质量，不断提高检验标准，使得阿迪达斯品牌不但没有因为这一次事故而销声匿迹，反而赢得了更加好的声誉。

阿迪达斯公司敢于承认错误，勇于纠正错误，这使得它能一直保持着世界品牌的形象。

错误永远只能是错误，不管你采用何种方法，花费多大精力，它的性质仍然不会改变。如果你不能扔下错误，则错误一直在你手中；相反，勇于承认错误，则是抛开错误、重新出发的明确选择。

用加法计算零碎时间

在一所著名大学里，一位教授给学生做了这样一个有趣的游戏：教授在桌子上放了一个瓶子，然后又从桌子下面拿出一些正好可以从瓶口放进瓶子里的石头。当教授把石头放完后问他的学生道："你们说这个瓶子是不是满的？"

"是！"所有的学生不假思索地回答说。

"真的吗？"教授笑着问。然后再从桌底下拿出一袋碎石子，把碎石子从瓶口倒下去，摇一摇，再加一些，再问学生："你们说，这瓶子现在是不是满了？"这回他的学生都不敢回答得太快了。

最后有位学生怯生生地答道："也许没满。"

"很好！"教授说完后又从桌下拿出一袋沙子，慢慢地倒进瓶子里。倒完后，再问班上的学生："现在你们再告诉我，这个瓶子是满的呢？还是没满？"

"没有满！"教授再一次称赞这些"孺子可教"的学生们。称赞完后，教授从桌底下拿出一大瓶水，把水倒进看起来已经被石头、小碎石和沙子填满了的瓶子里。

时间就像这个瓶子，我们总是喊"忙"、"时间不够用"，但我们真的物尽其用，真正利用好时间了吗？还是因为一些坏习惯、坏毛病，让时间从我们指尖匆匆流过？

富兰克林曾说："忽视当前一刹那的人，等于虚掷了他所有的一切。"人们常常以为，一天的时间并不算短，浪费掉几分钟何足道哉？但是，一天里能有多少个几分钟呢？你轻易放弃了眼前的几分钟，长此以往，便是几千几万分钟，你们一生会有多少可浪费掉的宝贵时间？时间里面有数学，时间既是加法，又是减法。善于利用时间，积少成多，是加法；反之，看不起零星时间，随便弃之，丢一点儿少一点儿，就是减法了。人的一生亦然，既是加法，也是减法。对一个人的年龄来说，过一天，加一天，而对寿命来说，则是过一天，减一天。面对时间的减法，大可不必悲观，生活中正在流逝的分分秒秒固然瞬息即逝，但又是可以抓住的，因为它是现实的时间。俗话说："滴水可以穿石。"这正是时间的加法在起作用。

"时间就像海绵里的水，只要你愿意挤，总是会有的。"这是鲁迅的一句名言。不少有成就的人，都是善用零星时间的高手，他们把被大多数人毫不在意的点滴时间利用了起来，终于取得可观的收获。达尔文就是一个合理利用零碎时间的高手。他说："我从来不认为半小时是微不足道的一段时间。"正是这种惜时如金的精神，使他在一生中完成了常人所难以想象的许多事情。他的《物种起源》就是在38年中完成的，假如没有他那种珍惜每一分钟的精神，相信48年也无法完成这部巨著。诺贝尔奖奖金获得者雷曼曾向人们介绍："每天不浪费、不虚度或不空抛剩余的那一点儿时间，即使只有五六分钟，充分利用，也一样可以有很大的成就。"

富兰克林对于时间，更是分秒必夺。

有这样一则故事。

在富兰克林开设的一家书店里，一位犹豫了将近1个小时的男人终于开口问店员："这本书多少钱？"

"1美元。"店员回答。

"1美元？"这人又问，"你能不能少要点儿？"

"它的价格就是1美元。"店员坚持道。这位顾客又看了一会儿，然后问："富兰克林先生在吗？"

"在，"店员回答，"他在印刷室忙着呢。"

"那好，我要见见他。"这个人坚持一定要见富兰克林。于是，富兰克林就被找了出来。这个人问："富兰克林先生，这本书你能出的最低价格是多少？"

"1.25美元。"富兰克林不假思索地回答。

"1.25美元？你的店员刚才还说1美元一本呢！"顾客很惊讶。

"这没错，"富兰克林说，"但是，我情愿倒给你1美元也不愿意离开我的工作。"

这位顾客惊呆了。他心想，算了，结束这场自己引起的谈判吧，他说："好，这样，你说这本书最少要多少钱吧！"

"1.5美元。"

"又变成1.5美元？你刚才不还说1.25美元吗？"

"对。"富兰克林冷冷地说，"我现在能出的最低价钱就是1.5美元。"

这人默默地把钱放到柜台上，拿起书出去了。这位著名物理学家和政治家给他上了终生难忘的一课：对于有志者，时间就是金钱。

零星时间，人皆有之。但是很多人却都不能像富兰克林那样重视，结果虚度了一生。古人说："尺璧非宝，寸阴是金。""勿谓寸阴短，既过难再获。"对此，古人是非常重视的。零星时间在何处？就在我们不大注意的地方。它不像大段时间那样容易引起我们的重视，往往在不经心时就从我们身边溜走了。在开会时，在出差时，在工作时，在休息时，等等，都会有一些间隙时间。《三国志·魏书》中曾有"三余"之说，即"冬者岁之余，夜者日之余，阴雨者时之余"，均是可以利用的。如果你是一个不重视零碎时间的人，当然不在乎几分钟的时间，这些零星时间将被你视作无用的"零布头"，扫进垃圾堆。如果你是一个争分夺秒的人，这分分秒秒的时间就会被你派上用场，一天几十分钟，一年就是上万分钟，如果用之于阅读图书、杂志，可以看上几百万个字符，这将是多么可观的一笔时间财富！

如何把时间积零成整呢？由于时间不能储存，不能采取到银行储蓄的办法搞零存整取，其诀窍就是要把工作化整为零。当某项工作需要占用较多的时间才能完成，而我们的时间有限，难以找到这么多的时间时，只要能把这项工作分解为若干部分，化整为零，就可以用这些零星分散的时间去做，积以时日，最终就可以做完。

1．善用等候与空当的时间

当你去看医生时，你可以带上一本书，这样一来，你就不必去看他们的杂志或没用的东西了。

一位叫凯琳的总裁助理也是这样的人，她的车里有一把拆信刀，当红灯亮时她便拆开信来读。她说，大约有一半的信是无用的。所以，当她到办公室时，垃圾信件已被她处理掉了。

迈克是一家顾问公司的老板，他平均每年要接下130个案子，而且他的大部分时间是在飞机上度过的。他认为和客户保持良好的关系非常重要，所以在飞机上他就给他的客户们写短笺，他说："我已经习惯如此了，这有什么坏处呢？"一位等候提行李的旅客对他说："在2小时48分钟里，我注意到你一直在写短笺，你的老板对你一定非常满意。"迈尔斯说："我就是老板。"

等待是我们生活中的常事。你也许错过公车、地铁、火车，或遇到中途塞车；你或许非常谨慎地计划好每一件事，但意外却将你困在机场，白白地浪费几个小时。然而成功人士会在这几个小时中打开皮包，读书、写报告、检查电子邮件、打电话。

2．合理利用通勤时间

如果每天通勤只按30分钟来算，那么1年内的数字也够叫你吃惊的了。一周上5天班，每天单程30分钟，一年通勤要用250个小时。按一天工作8小时，相当于一年有超过6个星期的时间花在上班的路上。

假如一天通勤单程用1小时，那么一年中你将会有超过3个月的时间耗费在路上。如果你年薪是50000元，半小时的通勤就相当于6250元；一小时的话，就是12250元，而且还未算上汽油、修理等费用和时间。

你的通勤方式也许是火车或公交。很多人表示他们很喜欢通勤的时间，他们可以和同车的同事谈天；有些人则利用这段时间整理报告、读报，或批阅文件。当然，得保证你不是司机。

很多大城市，交通状况都非常糟糕。所以，一些郊区卫星联络中心就应运而生了，员工可以用"电讯通勤"。即使在家里，也可以做到与公司面对面地接触而不脱节。卫星办公室没必要每天都用，这只是代替长途跋涉到办公地点的另外一种办公方式。如果你每天的通勤是长途的话，这段时间可是一笔可以利用的财富。你可以仔细地考虑你的计划，可以用车上的移动电话处理一些约会，还可以利用电子邮件处理一些信件。

3. 分秒必争

美国IBM公司纽约分公司的总部管理部主任沙里，从未在整点时间跟人会面。每次跟他约时间，总约在奇怪的9点25分或11点10分。

其实，沙里这样做是为了节省时间，他认为一般人以整点或半点为单位安排约会，舍弃零星多余的时间，是一种浪费。人世间的事不可能都那么准时地发生、准时地结束。那么，在上午10点半或下午3点的约定之前多出来的几分钟里，你都做些什么呢？

分秒必争不但可以节省时间，更可以令对方同样重视宝贵光阴。

对于我们来说，时间不是不管用，而是因为不珍视，所以让很多可用的时间悄悄溜走。如果想要变得高效率，拥有更充沛的时间，我们就应该养成见缝插针，合理利用时间的习惯。

不要事必躬亲，享受"放权"产生的多倍效能

"三顾频烦天下计，两朝开济老臣心。出师未捷身先死，长使英雄泪满襟。"火烧新野、鏖战赤壁、三气周瑜、智取西川、七擒孟获、六出祁山，诸葛亮在人们心目中已经成为智慧与完美的化身。古往今来，多少志

士仁人、骚人墨客，无不为其雄才大略和高度负责的敬业精神所折服。

诸葛亮的工作作风可谓勤奋，达到了"鞠躬尽瘁，死而后已"的地步。但却也是勤奋，让他"出师未捷身先死，长使英雄泪满襟"。

李严和诸葛亮是刘备的左膀右臂。刘备临终时，"严与诸葛亮并受遗诏辅少主，以严为中督护，统内外军事。留镇永安。"目的很清楚，刘备是让诸葛亮在成都辅刘禅主政务，让李严屯永安拒吴并主军务。诸葛亮执政本应充分发挥好李严等人的作用，然而仍是"事无巨细"，惹得李严不高兴，两人矛盾日益加深。

后诸葛亮以第五次北伐为借口，削了李严的兵权，调汉中负责后勤工作。因运粮事件，诸葛亮抓住了李严的把柄，"乃废严为民，徙梓潼郡"。废了李严，诸葛亮就亲自抓起了运粮事宜，耗费了无数精力，发明了"木牛流马"。不善授权，终将累及自我。五丈原对峙，旷日持久，士兵中有些松懈，确需整顿军纪，本应授权众将管理部属，可诸葛亮是罚二十杖以上，皆亲自处理，劳累过度。司马懿闻后断言："亮将死矣。"果如其言，不久，诸葛亮就累死在阵前。

能力越强的人，越是具有较强的自信心，他们对自己能做什么确有把握，而对他人能做什么却不太放心，于是成为让他人干不如自己干的事务主义殉职者，但无论是这种精神，还是这工作方式，都是不值得提倡的。诸葛亮都累死在事必躬亲的坏习惯上，你又何苦重蹈覆辙？

通过分析发现，那些事必躬亲的人之所以不能够成功，首先是不知道时间运筹术，即不知道自己有多少时间，过多地把工作包揽到自己身上，能否胜任、有些重要的琐事由自己来做是否值得都未经斟酌。

其次是按自己的行为模式要求旁人，错误地注重表现而忽略结果，不适度要求别人必然产生不信任感。

再次是只看到节省时间于一时一事，只看到自己动手可以免掉督促、检查和交代的时间，没有看到一旦让别人去做之后，再碰到类似的工作，就可以不再亲自动手，最终会为自己赢得更多的时间。

　　"三个臭皮匠，顶个诸葛亮。"每个人都有他的长处，所以，我们做事情，要尽可能借助他人的力量，不要事事都自己亲自去做。从表面看，你很努力，也很勤奋，每天都有做不完的事。殊不知，人的精力总是有限的，如果不懂得放权，事事都要自己亲自动手，你会被日常事务缠身，忙而没有效率。这是工作之大忌。

　　那么，该如何提高效能呢？最根本的方法就是不要事必躬亲，养成"放权"习惯。

　　王一很喜欢遛狗。

　　儿子说如果喜欢遛狗，那就养只小狗在一旁跟着跑比较省事。他的看法不同，要养一只体型很大的牧羊犬。平时带着威武雄壮的它逛大街，让牵狗的人也跟着威风。

　　但牧羊犬却非常不听话。为了训练这只狗，他费了不少时间和心血。

　　这只狗总是跟王一对着干。他想往东时，它偏会往西，遛狗时他活像个奴隶主，扯着绳子凶巴巴地在后头穷追猛喊——狗遛得不怎么样，身体倒练得强健不少。

　　3个月后，他心爱的牧羊犬总算开窍了！他如何下令，它就如何听话，很有马戏团的职业水准。

　　他炫耀地牵狗出去，街坊邻居都走过来看。

　　"怎么样？瞧我连这样的狗也训练得成，厉害吧！"

　　"看它有多听话！我要它走它就走，要它停它就停……"

　　"我保证放开绳子，它也会乖乖地跟着我。"

　　"那你怎么不放开它？"一天，他儿子反问，"邻居张叔叔家的小黄都好喜欢自己在户外跑来跑去，你这样天天绑着它，它不是很痛苦吗？"

　　"这……"他不知道该怎么解释。这样大的狗就算他敢放，邻居恐怕也会抗议。更重要的是，这是好不容易训练出来的狗，万一走失了怎么办？

　　王一还为自己想了很多不该放手的理由：放开绳子对他来说实在不像遛狗，和狗出来各跑各的，还不如带孩子出来锻炼身体呢，用得上一只狗吗？就是牵着这么气派的狗才让他有成就感，他怎么舍得放手。

很多人都像王一一样，明明可以放开手中的"绳子"，把事情放开，或交给别人去做，但却死不放松手。

孩子都快成年了，在家里做大小家事时还是会在一旁指指点点；公司属下不管做什么事，都要求一定要自己经手，免得出差错；请求朋友帮什么忙，也亦步亦趋地跟在后头确定每个步骤都要合乎他的要求。

事必躬亲，就像一条隐形的绳子，绑住了自己的脚步，使自己老轻松不下来，要去度假，却总放心不下下属的工作、放心不下孩子的学习，想东想西，其实真正放心不下的反而是他自己。

用隐形的绳子绑住别人，连自己的活动天地也被局限在绳子那么长的距离之中，这就是事必躬亲的恶果。

要想改变事必躬亲的坏习惯，就要学会放权。已故著名企业家潘尼曾表示，他一生之中最明智的决定就是"放权"。当他发现独掌大权难以支撑大局之后，便毅然决定放手让别人去做，结果造就了无数个人的成长和发展。

放权并不是推卸责任，而是把责任分配给具有这一方面特长的员工，可以让你更有余力去从事更高层次的活动。放权不管是对于个人还是对于团体来说，都意味着成长。

事必躬亲者投入 1 小时，只能产生 1 小时的成果，而懂得放权的人，每投入 1 小时便可产生 10 倍、20 倍、50 倍甚至 100 倍的成果。

子贱是孔子的学生。有一次他奉命担任某地方的官吏。但到任以后，子贱却常不管政事，弹琴自娱，可是他所管辖的地方却治理得井井有条，民兴业旺。这使他的上一任百思不得其解，因为他每天起早摸黑，从早忙到晚，也没有把地方治理好。于是他请教子贱："为什么你能治理得这么好？"子贱回答："你做事只靠自己，事必躬亲，所以十分辛苦；而我却懂得放权，借助他人的力量。"

人无完人，个人的智慧毕竟是有限而且片面的。一个团队若想取得成功就要给其他队员留下空间，发挥他们的智慧。放权，让队员们都参与进来，是对他们的肯定，也能满足成员自我价值实现的精神需要。

授予队员更多的责任和权利，他们自会取得让你意想不到的成绩。

整洁有序，从整理办公桌开始

有些人没有养成整理办公桌的习惯。他们总说自己是多么的忙，无暇分心在这些小事上，或是怕清理东西时，把需要的或是有价值的文件也一起清理掉了，所以，一大堆的文件都堆在案头，杂乱无序，让自己埋首其中工作。

其实，这种习惯不仅不会减轻你的工作量，反而会加重你的工作负担，影响你的工作质量。因为你的工作资料堆放无序，在找的时候往往会浪费很多时间，甚至还容易丢失文件，为此造成的损失将是不可估量的。

有一位科研所的工作人员，经过无数个日日夜夜的攻关苦战，终于解决了研究中的一个难题。他把攻克这一难题的资料和办公桌上其他的资料放在一起，然后带着满足的笑容入睡了。他睡得很香，第2天上午醒来时，却找不到攻克难关的资料了。原来，这位工作人员的儿子进入他的办公室，为了扎一个风筝，正巧拿走了那些有用的资料。当这个风筝带着儿子的幻想，在天空中越飞越高、越飞越远，最后变成一个小黑点时，他的心血也化为了泡影。

这真是人生中的一大憾事。如果这位工作人员的办公桌是井井有条的，把那些无用的东西不放在桌上，并告知儿子办公桌上的东西都是有用的，不能乱动，这样的事情还会发生吗？

走进办公室，一抬眼便看到你的办公桌上堆满了信件、报告、备忘录之类的东西，很容易使人感到混乱、紧张和焦虑，给人留下一个不好的印象。此外，办公桌上杂乱无章还会让你觉得自己有堆积如山的工作要做，可又毫无头绪，好像根本没时间或做不完一样。面对大量的繁杂工作，再大的工作热情也会被冲淡。

很多时候，让你感到疲惫不堪的往往不是工作中的大量劳动，而是因为你没有良好的工作习惯——不能保持办公桌的整洁、有序，从而降低了办公室生活的质量。也就是说，是这种不良的工作习惯加重了你的工作任务，从而影响了你的工作热情。

从另一方面来看，如果你的办公桌老是弄得乱糟糟的，上司也许就会觉得你这个人的工作大概就像你的办公桌一样杂乱无章，交给你的任务也怕你做不好，你的上司还会因此对你不放心、不信任，进而你在办公室的地位就不稳固，那又谈何成功呢？

俗话说好，一屋不扫，何以扫天下？一个连自己的办公桌都懒得整理的人，更不能合理有序地完成自己的工作。从办公桌的整洁状况，就能够反映出一个人的能力和修养。因此，对待办公桌也要像呵护自己的内心一样，不但要纤尘不染，而且要脉络清晰。

美国西北铁路公司前董事长罗兰·威廉姆斯曾经说过："那些桌子上老是堆满乱七八糟东西的人会发现，如果你把桌子清理一下，留下手边待处理的一些，会使你的工作进行得更顺利，而且不容易出错。这是提高工作效率和办公室生活质量的第一步。"

著名心理学专家理查·卡尔森有一个被命名为"快乐总部"的办公室。那里的一切，包括办公桌是那样整洁、有序，处处给人以明亮、宁静之感。去拜访他的人都喜欢上他的办公室，而且在离去时心情总是比来时要好得多。

整理办公桌的过程实际上也是整理你的思路的过程。不管你有多么忙，也要把办公桌收拾得像你的内心一样，保持办公桌的整洁、有序。

由此，你可以遵守"3个月原则"。任何在你办公桌上放了3个月而没有被使用的东西，就该毫不犹豫地处理掉。在每天下班之前，要养成整理办公桌的习惯，把明天必用的、稍后再用的或不再用的文件都按顺序放置并保持桌面的整洁，这会使你从中受益无穷。

因小而见大。平时养成整理办公桌的好习惯，有利于培养自己工作有序的习惯。这种习惯养成之后，就会赢得别人的信赖，就会给你带来平和积极的工作态度，也会使你繁重的工作变得有条不紊，有效提高你的工作效率。

第十二节
主动合作，
1+1 ＞ 2 的勤奋增值法

共赢是世界上最大的智慧

我们每一个人都生活在一个共同的社会里，社会就像一张无边无际的网，我们只是网上十分渺小的一个结点。

这张网太大了，大得难以想象，而我们又是那么渺小。用"沧海一粟"来形容也都是在夸大我们。

生活在这样一个大的网里面，我们这些孤立的点要活起来，就必须与其他的"点"联合起来，与他们接触。只有这样，我们才不会成为一个"死点"。

在竞争如此激烈的社会中，要想获取事业上的成功，离不开别人的帮助。

有一首歌这样唱道："一个篱笆三个桩，一条好汉三个帮。"世界上的每一个人都生活在如网一般错综复杂的社会里，一个人如果不与人合作，就不会成就什么大事业。有一种筷子理论简单而生动地说明了这一道理：一双筷子很容易就会被折断，但是 10 双筷子，就不容易被折断了。只有和谐的团结起来，才会更加有力量。

有人对美国 100 位白手起家的百万富翁进行分析，这些富翁的年龄从 21 ～ 70 岁以上，文化程度从小学到博士都有。他们之中有 70% 的人来自人口少于 1500 人的小镇。然而，通过分析发现他们都具有一个共同的特征，那就是都拥有良好的人际关系，并且善于掌握、利用这些有利于发财致富的资源，无论在什么情况下都是如此。

有一位大富翁说："我之所以能有今天的成就，单靠自己的力量是办不到的，而是得力于我广泛的人际关系。我的朋友三教九流都有，文化界、教育界、学术界、商业界……真是应有尽有。"

李嘉诚是整个华商甚至华人界的骄傲，他的名字在海内外已经家喻户晓、妇孺皆知。成就他传奇一生的因素很多，其中一个主要的原因就是他善于合作，善于和各类高手团结协作。在他的麾下，聚集着这样一群人：

霍建宁，毕业于香港大学，后去美国留学。他 1979 年学成归来被李嘉诚收归长江实业集团，出任会计主任。1985 年被委任为长江实业董事。他有着非凡的金融头脑和杰出的数字处理能力。

周千和，20 世纪 50 年代初期就跟随李嘉诚，是与李嘉诚南征北战多年的创业者。他勤劳肯干，真诚待人，为人处世严谨精明。

周年茂、周千和的儿子，曾在英国攻读法律，对各项法律条文了如指掌，是经营房地产的老手，属书生型人才，被李嘉诚指定为长江实业发言人。

洪小莲，20 世纪 60 年代末期起就是李嘉诚的秘书，跟随李嘉诚 20 余年，为李嘉诚立下了汗马功劳。她精明强干，颇有"女强人"之风范。

上述四员大将都是创业奇才，他们在李嘉诚的事业成功中，起了不可轻视的作用。李嘉诚深深明白，成功离不开团结协作，今日这种划时代的经济竞争，说到底更是一种人才的竞争。现在的时代，是一个人才竞争的时代。

李嘉诚还采取"古为今用，洋为中用"的方针，把团结协作运用得淋漓尽致。在 20 世纪 60 年代他就开始大胆启用洋人。Erwin Leissner 是他高薪聘请的第一位洋人，这一举措，曾经遭到大家的强烈反对。但是，李嘉诚却不为所动，而是任用 Erwin Leissner 做了总经理，负责日常行政事务。接着，他又聘请了一位美国人 Paul Lyons 做经理，由他配合原来的 200 位基层管理人员实行企业的国际化管理。20 世纪 80 年代，他又大胆启用了英国人马世民。马世民聪明好学，积累了大量融合东西方企业管理精华的管理经验，是个难得的人才。

正是由于李嘉诚"不拘一格用人才"，得到许多能人的帮助，才能铸就他今日之辉煌。正如一家评论杂志所评论的："李嘉诚这个内阁，既结合了老、中、青的优点，又兼备了中西方色彩，是一个行之有效的合作模式。"

现代的李氏王国已经成为一个庞大的跨国集团，它的业务包括房地产、通讯、能源、货柜码头、零售、财务投资及电力等，范围十分广泛。试想，如果李嘉诚先生不与他人合作，仅靠一个人的力量，纵使他有三头六臂，也不能创造如此宏大的事业。

你有 1 个苹果，我有 1 个苹果，彼此交换，每个人只有 1 个苹果。你有 1 种思想，我有 1 种思想，彼此交换，每个人就有了两种思想。

不管是在今天还是在明天，每天都有不同的事等待着我们一同去做。一个好汉三个帮，怀有这种共赢理念，我们能充满信心地去面对这世间的一切，因为共赢才是这个世界上最大的智慧！

与人合作，你首先需要锻造团队精神

从前，一个国家的王子来晋见罗马的皇帝。这位皇帝向王子展示了自己引以为豪的城池。

"我非常惊讶，"这位王子说，"罗马居然没有城墙。"皇帝回答说："明天，我将要向你展示罗马的城墙。"第 2 天，有一万人聚集在宫殿之下的平地之上，等待王子的检阅。

皇帝说："他们就是罗马的城墙。一万人，每一个人就是一块砖。"这就是"我是一块砖"这句话的来历。

面对强大的压力，团队成员间最需要的就是协作配合。协作意味着每个人都在给团队增添新的价值，注入新的活力；协作产生的能量永远大于或者等于单个力量的总和。

21世纪是一个合作的时代，合作已成为人类生存的手段，团队精神是成功者必要的条件之一。

要想成就一番大事，必须靠大家的共同努力。在现在这个竞争激烈的环境中，只靠一个人打拼天下是不现实的，我们必须要有与人团结合作的精神，这样才能够发挥集体的优势，在事业上取得成功。

成功者深谙其中道理，他们广结人缘，与人有效合作，借助他人的力量，很容易使自己在事业上获得成功。

很多勤奋者一直相信"爱拼才会赢"，但他们累死累活地干了一辈子，也不会出人头地。他们之中不乏有人拥有精湛的技术、超强的个人能力，但是，他们却靠自己单打独斗，不善于与他人合作，使自己陷入孤立之中，很快便被竞争的大潮所淹没。

人类的优势在于合作，如果不懂得合作，或放弃与他人合作的机会，便会像一支单独的筷子，发挥不出自己的作用，只能"老老实实"地过完平庸无为的一生。

俗话说："孤掌难鸣，独木不成林。"一个进入社会生活的人，必须寻求他人的帮助，借他人之力，成就自己。

汉高祖刘邦就是一个富有团队精神、善借朋友和他人之力的人。刘邦出身市井，学无所长，但他天生豪爽，知人善用，胆识无双。早年穷困之时，他身无分文，却敢出入酒馆、独居上座；押送囚徒时，居然敢私违王法，纵囚逃散。后来斩白蛇起义，四方豪杰，最后都为他所有。如韩信、彭越、英布等，这些威震天下的英雄悍将，原先都是他的死敌项羽手下的人。至于刘邦身边的谋臣武将，如萧何、曹参、樊哙、张良等，都是他早期的朋友，他们在楚汉争战中，劳苦功高，最终帮助刘邦建立了西汉王朝。

刘邦的大汉帝国可以说是他与这些杰出英雄人物共同打造出来的。因为刘邦的知人善用，让他的英雄团队得以最大的发挥作用。

团队精神有利于我们优势互补。每个人都有这方面的优势，另一方面的不足。打个简单的比方，你会著书立说，但你未必在衣食住行的各个方面样样精通，那么，你不精通的领域，或者你根本不懂的领域，就需要有在那些方面精通的人的帮助。所谓优势互补，说的就是这个道理：你用你的优势，去弥补他人的劣势，以此换取他人以自己的优势来弥补你的不足。

专业化分工越来越细，也是要求团队精神的一个重要原因。现在，单靠一个人的力量是无法面对千头万绪的工作的。一个人可以凭着自己的能力取得一定的成就，但是如果把我们的能力与别人的能力结合起来，就会取得更大的成就。

缺乏团队精神的人不可能获得前进，这就像几匹马拉一辆车行驶一样，当所有的马朝着一个方向，步调协调地奔跑时，这辆车才能有速度。如果几匹马朝着不同的方向前进，这辆车便根本就不会前进，如果步调不一致，马车就会翻倒。

即使你非常有才华，你可能会凭自己的才能取得一定成绩，但绝不会取得更大的成功。如果你善于合作，把自己融入整个团队当中，凭借整体的力量，就会让一件工作做到更好，并且还能从中提升你的能力。

今天比起以往任何时候都更需要团队精神，资源共享、信息共享才能够创造出高质量的产品、高质量的服务。特别是团队成员之间，每一个成员都具有自己独特的一面，取长补短互助合作所产生的合力，要大于两个成员之间的力量总和，这就是"1+1>2"的道理。

与人成功合作的三大法宝

首先，要避免刚愎自用，培养宽阔的内心素质水平。

刚愎自用的人就是这样一种人：倔强固执，不接受别人的意见。他们通常会具有以下几种表现。

（1）以"我"为中心，对别人兴趣不大。

（2）常常认为自己"对"的时候总比"错"的时候多。

（3）不太愿意接受别人的批评。

（4）认为别人的意见不太有用，因为自己比别人更熟悉情况。

（5）失败了之后，很不服气，常抱怨运气太差。

而且，刚愎自用者，往往认为自己不是刚愎自用者。

刚愎自用者最大的缺点，就在于他自以为是。

这样的人听不得别人的意见，总是自以为是，他们往往会选错目标，若不勤奋还好，一旦努力，便会在错误的道路上越走越远。刚愎自用者不喜欢遭人批评，他们甚至会认为批评者是不怀好意，因而他们对待批评的做法，往往就是置之不理或加以反驳。

刚愎自用者不仅对批评拒之千里，而且对良言忠告似乎也没多大兴趣。对于任何事情，无论决定与否，建议对他们来说没有实际的意义，因为归根到底，他们还是愿意自己做出决定。

怎样才能改掉因刚愎自用而犯的错？

首先，不要羞于承认错误。然后，对自己说："很抱歉发生了这样的事。"不要用这样的话推卸自己的责任，比如："我一直忙得头晕转向，所以我出了错。"

以中国历史为例，古代贤明的君主身边必定会有几个或十几个谏臣，专门为君王提供建议。成就霸业的君王在建国初期，没有刚愎自用的，否则他也不会霸业有成。不光是君主，就是一个有所作为的人，都非常善于接受他人的意见。例如说，刘备如果没有诸葛亮在身边出谋划策，不要说是三国鼎立，就连是否能立得住脚都很难说。

在历史上由于固执、刚愎自用而失败之人也很多。三国时期蜀国的马谡，由于一味顽固"自信"，不接受诸葛亮的建议，而导致了"失街亭"。马谡的失败，给蜀国带来了致命的打击，诸葛亮挥泪斩马谡，可这也只是亡羊补牢，为时已晚，世上卖什么药的都有，就是没有卖后悔药的。

不论什么样的人，想要改正刚愎自用的缺点，就应该养成善于接受他人意见的习惯。但是，这种善于接受意见绝不是无主见的接受，把别人的话当作救命的稻草。就人来说，我们要慎听冲动急躁者的献策；就事来讲，要慎听那种过激的言论。对于别人的意见，要经过自己的深思熟虑之后才能接受，还要注意的就是不要偏听偏信。偏听偏信往往会使你由这个错误走向那个错误。"兼听则明，偏听则暗"，要有比较、有选择。

刚愎自用者往往固执己见，他们沿着错误道路走下去，过激言行不但没有扭转错误方向，反而加快了失败的到来。

刚愎自用，让我们落入勤奋的误区，离成功越来越远。

其次，沟通是合作的基础。

在这个世界上，几乎所有的成功者都有一个共同的特点，那就是与人合作。尽管我们知道"自古英雄多寂寞"的道理。然而在现代社会，知识的开放与共享达到了一个前所未有的高度。工作也不是一个人的事，如果在工作中将自己封闭起来，一个人单枪匹马、埋头苦干地闭门造车，工作成果一定不会理想。

当我们遇到问题的时候，不要孤军作战，而是应寻找到能给予帮助的人，我们也能搜集到那些可以借鉴的经验。

人生在世，并非是孤立或是与外界隔绝的。即使我们被要求独立思考，解决问题，我们也能通过对过去的经验或是别人的经验，来达到借鉴、帮助自己的目的。鲁滨孙虽然一个人在孤岛生活，但若没有前人的知识经验和别人制造的一些工具，他又怎能一个人生存？面对解决不了的问题时，及时向周围的人求助，整合你身边的资源，可以获得更多的资源和力量，以便更加快速地解决问题。

很多在工作中总是低效率的人，很大程度是因为他们在工作中缺少与人的合作。也许是因为他们不善于交流，也许是因为他们羞涩内向，但这并不是绝对的。因为合作是一种相互的关系，就算你不善言辞，性格内向，不懂得更多的沟通技巧，如果你有良好的工作心态、有旺盛的工作热情，有踏实的工作作风，相信你一定会赢得别人的帮助与支持。

而且，我们经常发现有些人在工作中之所以会缺少沟通，更多的是由于他们自身的某些思想在作怪，比如骄傲自大、嫉妒他人等。而这些都会将这些人关在事业成功的大门之外。

沟通是合作的灵魂，只有与人良好的沟通，才能正确理解他人并为他人所理解；只有与人良好的沟通，才能获得充分必要的信息；也只有能够与人良好沟通的人，才能获得别人的鼎力相助。

"沟通"这个词是相当妙的。用的是水沟的"沟"，疏通的"通"。意思是"沟通"就好比"通沟"，就是要把不通的管道打通，让"死水"成为"活水"，彼此能对流、能了解、能交通、能产生共同意识。

人与人之间的沟通，是我们交流的基础，是合作的首要条件。在合作中。我们沟通的程度，决定了我们合作共赢的高度，在很大程度上影响我们人生事业和人生价值的实现。

最后，学会信任，合作中避免"囚徒困境"。

有两个人一起做了坏事，结果都被警察发现抓了起来，分别关在两个独立的不能互通信息的牢房里进行审讯。在这种情形下，两个囚徒都可以做出自己的选择：或者供出他的同伙，即与警察合作，从而背叛他的同伙；或者保持沉默，也就是与他的同伙合作，而不是与警察合作。

这两个囚徒都知道，如果他俩都能保持沉默的话，就都会被释放，因为只要他们拒不承认，警方就无法给他们定罪。警方也明白这一点，于是他们想了一个办法，给这两个囚徒一点儿刺激：如果他们中的一个人背叛，即告发他的同伙，那么他就可以被无罪释放，同时还可以得到一笔丰厚奖金。而他的同伙就会被按照最重的罪来判决，并且为了加重惩罚，还要对他施以罚款，作为对告发者的奖赏。当然，如果这两个囚徒互相背叛的话，两个人都会被按照最重的罪来判决，谁也不会得到奖赏。

那么，这两个囚犯该怎么办呢？是选择互相合作还是互相背叛？从表面上看，他们应该互相合作，保持沉默，因为这样他们俩都能得到最好的结果——自由。但他们不得不仔细考虑对方可能采取什么选择。

A犯马上意识到，他的同伙一定会向警方提供对他不利的证据，梦想带着一笔丰厚的奖赏出狱而让他独自坐牢。但他也意识到，他的同伙也不是傻子，也会这样来设想他。

所以A犯的结论是，唯一理性的选择就是背叛同伙，把一切都告诉警方，因为如果他的同伙笨得只会保持沉默，那么他就会是那个带着奖金出狱的幸运者了。而如果他的同伙也根据这个逻辑向警方交代了，那么，同伙反正也得服刑，起码他不必在这之上再被罚款。

当然 B 犯也会像他这么想。这种两难的境况，被称之为"囚徒困境"。

在与他人打交道的过程中，我们不可避免地会遇到类似的两难境地，这个时候需要相互之间有足够的了解和信任，以及双方的沟通、交流与通力合作。可见信任基础上的沟通在团队合作中处于最关键的位置，要走出团队合作中出现的困境，就必须在信任的基础上沟通、沟通、再沟通。因为相互信任的沟通能让成员更好地理解团队的共同目标，理解合作的好处与不合作的坏处，能增加团队成员之间的凝聚力，有益于增强团队的合作气氛，能使队员认识到自身合作的关键性。

如果团队成员对彼此的个人品质产生怀疑，很难想象他们会为了某个团队的共同目标而毫无猜忌地竭诚沟通和合作；同样，如对彼此的专业能力不放心，他们也势必不敢全身心地投入到所合作的事业上。

在一个团队中，每个成员的专长可能都不一样，每个人都可能是某个领域的专家，所以，任何成员都不能自恃过高，都应该保持足够的谦虚，同时时常检查自己的缺点，不断完善自我。一个狂妄自大的员工很难获得他人的认可，难以融入整个团队中去。诚信、负责、谦虚的个人品质或许足以赢得他人对你人品的信任，却不足以获得他人对你工作的信任，要获得他人对你工作的信任，还必须具备优秀的专业技能。故团队成员除了应修身养性外，还必须不断学习，提高工作技能，以便更好更快地实现团队目标。

信任是相互的，对于团队成员来说，应赢得他人信任，同时要信任他人。团队成员应具备豁达的胸襟，充分信任他人，认可他人的个人品质及专业素养。或许你认为他人在某些方面不如你，但你更应该看到他人的强项和优点，并对他人寄予希望。每个人都有被别人重视的需要，特别是那些具有创造性思维的知识型员工更是如此，有时一句小小的鼓励就可以使他释放出无限的工作热情。

第四章

智慧的勤奋才能卓有成效

第十三节
思考是
行动的大脑

思路决定勤奋的出路

　　一头愚蠢的驴子，在两堆青草之间徘徊，左边的青草鲜嫩，右边的青草多一些，它拿不定主意，最终在徘徊中饿死。

　　这则寓言，对很多人的生活用一种夸张手法表现了出来。在现实生活中，很多人在选择道路的时候往往没有思路，仿佛罩在一层迷雾当中：向左走可能是一条独木桥，而独木桥的终点可能是鲜花与掌声；向右走可能是一条平坦之途，而旅程的终点可能是一片荒漠。太多的不确定因素，使人们面对选择时不知如何下手，结果不断徘徊，无法找到人生的出路，任由时间飞逝，最终蹉跎岁月，一事无成。

　　有这样一则寓言故事。

　　早晨，勤劳的农夫对母亲说："难得今天的天气这么好，在天黑之前我一定要把那些田耕完了。"

　　当他到牛棚准备牵耕牛耕田时，却发现牛的身上很脏，招来很多苍蝇，于是他把犁放下，牵着牛到小河边让牛洗澡。为了把牛洗得更干净，农夫打算回家拿个水桶再来，就先把牛留在了小河边，回家取水桶。在经过猪圈时，突然想到那几头猪还没有喂，于是，决定找些土豆喂猪。在地窖里，他发现了那些土豆正在发芽，为什么不趁这个好时令把它们种到菜园里呢？可是还没有走到园子里，路上就有一根木桩绊了他一跤，于是，他决定把这个大木桩锯成段，放在壁炉里当柴火。当他回来准备拿锯子的时候，听见有人敲门。

农夫打开门，发现是他的邻居，一副十分气愤的样子，指着他的鼻子骂道："你的牛跑到我家的庄稼地里去了，种的庄稼都被它糟蹋了，你看看……"农夫向后一望，那头牛满身污泥。

这个时候，他的母亲也在院子里嚷嚷："猪都跑出来了……是你把猪圈打开的吗？"农夫看了看天，早上明媚的阳光变成了淡淡的余晖，可是牛身上还是脏兮兮的，猪也没有喂，土豆也没有种，木桩也没有锯，一天忙到晚，结果什么事也没做成。

我们经常也会像这个农夫一样，在很多的工作中，需要马上做的是什么，最重要的是什么，次要的又是什么，我们没有思路，结果一团乱麻，毫无头绪。

干工作就如下棋一样，下棋有下棋的方法，工作也有工作的思路。"思路决定出路"，这个道理每一个人都知道，但是在具体的工作执行中却往往又变成一纸空谈。许多人的工作往往是缺乏条理的，也就是工作缺乏思路。这样做的结果是，增加了工作的随意性，使工作无章可循，出现了混乱，甚至是倒退。

佛洛伦丝·查德威克在1950年成功游过英吉利海峡后，1952年她把下一个目标定为横穿美国加州34千米宽的坎特里纳海峡。她启程的那天早上，天气非常寒冷，并且有雾。海水冰冷刺骨，但是她依然奋力地游着。当她接近海岸的时候，浓雾忽然涌了过来，她什么也看不清楚了。她非常疲惫，全身发抖，无论她的教练和她母亲怎样鼓励她继续坚持下去不要停下来，她还是放弃了。

当她回到船上时，记者们都走过来，问道："你为什么停了下来？"她回答说："我不能看见海岸，只能看到浓雾。"

佛洛伦丝·查德威克的失败，不是因为她不努力，而是浓雾让她失去了目标，没有了思路，在茫然中目标变得遥不可及，找不到到达成功彼岸的出路。

任何成功最初就是一个思路，很多失败都是因为最初没有一个思路。

"思路"是指一个人做事情的思维和发展的眼光，它决定了个人成就的大小。所以，思路决定出路。在逆境和困境中，有思路就有出路；在顺境和坦途中，有思路才有更大的发展。

在生活中，没有出路的情况太多。下岗，失业，高考落榜，大学毕业后求职四处碰壁，好不容易找到工作又很不理想，在工作岗位上怎样努力也不被领导看好，升职无望，致富无门，跳槽无路，人际关系紧张，干什么都不成功，生产出的产品滞销，做生意谈判陷入僵局，办企业不死不活，搞创业又拿不出项目，人生、事业面临危机……上述这些困难，你、我、他都可能碰到，今天、明天、后天也都可能碰到。没有出路就必须找出路，凭什么去找呢? 虽然离不开自信、毅力、能力，但是更需要思路，具有灵活、辩证的思路，才能做到"山重水复疑无路，柳暗花明又一村"，从而找到出路。

路虽远，行则将至；事虽难，做则必成! 很多事不是没有思路，而是有没有找思路! 人都一样，成功人士做什么，我们就做什么，我们自然也可成功! 这是成功的秘诀之一。没有思路便找不到出路。人们处在同一起跑线上，但却不能达到同样的终点，有的人可以走得很远，有的人却只是在原地踏步。这是因为不同人做事的思路不同所致。今后的市场经济，不是大鱼吃小鱼，而是快鱼吃慢鱼，是观念的更新，是头脑的竞赛。一个人对于问题是否有解决的思路，将决定勤奋是否有所成，事业是否有出路。

不做行动上的勤奋者、思考上的"懒汉"

思考是出色完成工作的必要之路。面对工作，如果你不能积极思考，将之妥善完成，那么将会有一堆的问题出现，它们将会成为你沉重的负担，你将会被动地去做很多无用功。

很多行动上的勤奋者，却是思考上的"懒人"。他们面对问题出现时总会说："我太忙了，连考虑的时间也没有！""以前的人也都是这么做的啊！"这只是他们的借口罢了。

对工作不积极思考的人，即使再努力，也不会做出好的成绩来。

厂长让小王就第 1 季度的工作写份工作总结，并且嘱咐说"越详细越好"。小王调查情况就花了 1 个星期，把 90 天的工作事无巨细都写了出来。厂长看了洋洋万字的报告，顿时气不打一处来。原来厂长的意思是上级要来检查工作，上季度工作面牵扯得比较多，包括产品质量、更新设备，甚至在工厂的福利待遇和环境卫生方面也做了许多工作，希望总结得详细一些。可是小王却连厂长开了几次会，副厂长出了几趟差，厂里有几次请客吃饭都写得清清楚楚。厂长面对这份报告怎么能满意呢？其实，小王这已经不是第 1 次犯这种错误了，工作中没有自己的创意，领导说什么他就做什么。所幸这一次并没有造成什么损失。可是，小王如果再继续这样下去，他的前途也就可想而知了。

我们知道，现在是一个以智慧和知识取胜的时代，头脑的勤奋要比行动的勤奋重要得多。所以，现在的社会都很重视人才思考能力的培养，将是否善于思考当成衡量一个人是否优秀的重要标准。一个不能够在工作中主动思考的人是无法做好自己的工作的，当然他们也无法跨入优秀人才的行列。

在全世界 IBM 管理人员的桌上，都摆着一块金属板，上面写着"Think"（思考）。这个字的精粹，是 IBM 创始人华特森创造的。

有一天，寒风刺骨，阴雨霏霏，华特森一大早就主持了一次销售会议。会议一直开到下午，气氛沉闷，无人发言，大家开始显得焦躁不安。

这时，华特森在黑板上写了一个很大的"Think"，然后对大家说："我们共同缺少的，是对每一个问题充分地去思考，别忘了，我们都是靠脑筋赚得薪水的。"

从此，"Think"成了华特森和公司的座右铭。

新闻记者史卓斯在与微软公司接触了 3 个月后写道："据我观察，微软不像昔日的 IBM 那样，在墙上挂着训斥员工'要思考'的牌子，而是将'思考'彻彻底底地植入了微软的血脉。"微软的最高管理层研究院的核心由 10 多个人组成。他们管理关键产品，组织非正式的监督组来评估每个人的工作。许多在各项目工作的高级技术人员，组成了研究院的外围。其中一些人还是公司的元老，从微软建立之初便一直在这里工作。微软公司就是靠这些出类拔萃的人物和比尔·盖茨合理的管理制度，在竞争中走向成功的。

思考让 IBM、微软这些公司成为行业的领导者，对于我们个人来说，善于思考也是十分重要的。有人调查过很多企业的成功人士，从他们身上发现了一个共同的规律：最优秀的人，往往是最重视找方法的人。他们相信凡事都会有方法解决，而且是总有更好的方法。

马博是某食品公司的业务主客。有一次，他从一个用户那里考察回来后，敲响了经理办公室的门。

"情况怎样？"经理抬头就朝马博问道。

马博坐定后，并不急于回答经理的问话，而是显得有些心事重重的样子。因为他十分了解经理的脾气，如果直接将不利的情况汇报给他，经理肯定会不高兴，搞不好还会认为自己没尽力去办。

经理见马博的样子，已经猜出了肯定是对公司不利的情况，于是改用了另一种方式问道："情况糟到什么程度？有没有挽救的可能？"

"有！"这回马博回答得倒是十分干脆。

"那谈谈你的看法吧！"

马博这才把他考察到的情况汇报给经理："我这次下去了解到，这个客户之所以不用我们厂的产品，主要是因为他们已经答应从另一个乡镇食品进货。"

"竟有这样的事！那你怎么看呢？"

"我想是这样的，我们公司的产品应该比乡镇企业的产品有优势，我们的产品不但质量好而且价格还很公道，在该省已经具有了一定的知名度。"

"就是，一个小小的乡镇企业怎么能和我们相比呢？"经理打断了马博的汇报。

"所以说，我们肯定能变不利为有利。最重要的是，当地的客户多年来使用我们公司的产品，与我们有很好的合作基础，这是我们的优势所在。但该客户答应与那个乡镇企业订货，主要是因为那个乡镇企业距离他们较近，而且可以送货上门。这一点，我们不如那家乡镇企业，我们可以直接到每个乡镇去走访，在每个乡镇找一个代理商，这样问题就解决了。"

"小马，你想得真周到，不但找到了症结所在，还想出了解决的办法，要是公司里的员工都像你这样有责任心就好了。"

"经理过奖了，为公司分忧是我的责任。经理您工作忙，我就不打扰您了。"

不久，马博被调到了销售科专门从事产品营销，公司的业务量节节攀升，马博也越来越受到重视，很快成了公司的业务骨干。

面对工作，马博和前文中的小王工作方式完全不同，小王只是机械地按照领导的要求做工作，不善思考，结果犯了按图索骥的错误，辛苦了半天却被领导批评；而马博则善于思考，工作中有自己的独到见解，自然会赢得上司的青睐。

可见，现实中，很多人工作很努力却没有得到很大的发展，是因为他们在工作中缺乏思考，只是被动地接受工作任务，这自然无法从中发现问题，解决问题，甚至还会制造出新的问题来。

懂得思考是智慧的表现

思考的力量是巨大的。任何创新的成果，都是思考的馈赠。人世间最美妙绝伦的，就是思维的花朵。思考是"才能的钻机"，思考是创造的前提。因此，思考总是为成功之士所钟情。

"书读得多而不加思考，你就会觉得你知道得很多；而当你读书而思考得越多的时候，你就会清楚地看到你知道得还很少。"哲学家伏尔泰说。

"学习知识要善于思考、思考、再思考，我就是靠这个学习方法成为科学家的。"爱因斯坦说。

牛顿说："如果说我对世界有些微贡献的话，那不是由于别的，而只是由于我的辛勤耐久的思考。"

思想家狄德罗坦言自己的治学之道："我们有3种主要的方法，对自然的观察、思考和实验。观察搜集事实，思考把它们结合起来，实验则来证实组合的结果。对自然的观察应该是专注的，思考应该是深刻的，实验则应该是精确的。"

周恩来也如是说："思之，思之，神鬼通之。"

将一半时间用于思考，一半时间用于行动，无疑是人才的成功之道。不懂得运用思考这一"才能的钻机"的人，是难以挖掘出丰富的智慧矿藏的；不善于思考的人，就不能举一反三、触类旁通，享受到创新的乐趣。

做事必须勤于思考，不肯用脑的人是不会做好事情的。

我们的思维总是存在一个误区，认为没有在忙碌地工作就是在浪费时间，我们会产生负罪感。其实，有时候并不是工作不勤奋而使我们效率低下，而是因为我们缺乏思考，方法不对，才导致工作效率低。我们需要思考，而不是立即行动。

思考虽然要花费一定的时间，因为我们需要在头脑中想象没有发生的事，但是思考是我们成功必经的途径。如果你善于思考，不再经常被突发事件搞得不知所措，你就不会再害怕任何变故，也就拥有了制胜的武器，能够妥善解决生活的问题，也就更加高效。

思考还常常被误解为无所事事。在很多人观念中，没有实实在在的行动就不算努力。但是思考制定的是我们的人生规划，并为此做出时间安排，决定我们今后的生活。思考让我们决定下一步往哪儿走，是我们生活的本领，代表了我们个人的机遇和发展。思考让你做出判断、下定决心，并把你的想法付诸行动。

在现实生活中，思考是智慧的表现，懂得思考问题的人才能成为出色的高效能人士。只有善于思考的人，一生才会充满光明，一种好的思维方式就是引导你走向成功的快捷之路。

有人讲过这样一个故事。

一次公司聚餐之后，小方从饭店出来，招手叫了一辆出租车。

上车后，小方告诉司机去火车站。小方在外贸协会的生产力中心工作。生产力中心坐落在火车站附近的外贸协会二馆，因楼不是太大，也不是太显眼，知道的人不多，所以每次都说是去火车站免得费力解释半天。

但这次却出乎小方的意料，司机紧接着小方的话问道："你是不是要去外贸协会二馆啊？"

小方非常吃惊，便问司机是怎么知道的。司机说："第一，你最后上车时跟朋友只是一般性的道别，一点都没有离别的感觉；第二，你没有任何行李，连仅供一天使用的小小行李都没有，而你这个时间才去火车站，就算搭乘最晚班车，你都没有可能在当天赶回来，所以你真正去的地方不可能是火车站；第三，你手里拿的是一本普通的英文杂志，并且被你随意卷折过，一看就不是重要的公文之类的东西，而是供你自己消磨时间用的，一个把英语杂志作为普通读物的人既然不是去火车站就一定是去外贸协会啦，火车站附近就只有外贸协会一家单位的人才会这样读英语。"

小方又吃惊又佩服，觉得他简直就是福尔摩斯再世，就跟他聊了一路，结果发现他真有自信的本钱。

他说他平均每个月都会比其他出租车司机多赚几千元钱。他每天的行车路线都是根据季节、天气、星期详细计划好的。周一至周五早晨，他会先到民生东路附近，那里是中上等的居民区，搭出租车上班的人相对较多。到9点钟左右，他又会跑各大饭店，这个时间，大约刚吃完早餐，出差的人要出去办事了，游玩的人也要出去玩了，而这些人均来自外地，对环境普遍陌生，所以出租车是最多也是最好的选择。他的中午又分成两部分，午饭前，他跑公司比较多的商业区，这个时间，会有不少人外出吃饭，又因中午休息时间较短，这些人中大多数人又会为快捷方便而选择搭出租车；午饭后，他跑餐厅较集中的街区，因为吃完饭的人又赶着要返回公司上班。

下午3点左右，他则选择银行附近。根据概率算抛却一半存钱的人，也还有一半取钱的人，这一半取钱的人因带了比平时多的钱也大多不会再去挤公车而会选择较安全的出租车，所以载客的概率也相对会较高。而到了下午5点钟，市区开始塞车了。他便去机场或火车站或郊区。到了晚饭后，他又会去生意红火的大饭店，接送那些吃完饭的人，自己稍事休息一会儿，再去酒吧、迪厅之类的娱乐场所门口……

同样是出租车司机，很多人只是漫无目的地开车，而这位聪明的司机则善于思考，细心规划行车路线，比别人多赚了许多钱。

由此，我们不难看出，思维对我们的工作和生活有多么重要。在现实生活中，善于思考问题，善于改变思路的人。总能给自己赢得让人们发现自己才华的机遇，在成功无望的时候创造出柳暗花明的奇迹。

事实上，赢得一切、拥抱成功的关键，就在于你能不能积极地思考、持续地思考、科学地思考。不懂得思考的人，是难以挖掘出丰富的智慧矿藏的。只要你将一半的时间用来思考，一半的时间用于行动，你就能成为一个高效能的成功者。

开阔思维，突破瓶颈局限

在一所知名大学的智力竞赛中出了这么一道怪题。

有一只蜗牛，住在一棵梧桐树下面，一天清晨，太阳刚刚升起，蜗牛便开始从树根向树梢上爬。它爬得忽快忽慢，有时还停下来四处望望，躲避可能的危险。直到太阳落山的时候，这只蜗牛终于爬到了梧桐树的树梢，在树梢上睡了一觉。

第2天清晨，也是太阳刚刚升起的时候，蜗牛开始从树梢向下爬，它沿着昨天爬行所留下来的印痕，忽快忽慢地朝树根爬去。有时它也停下来望望，或者吸食一点树汁。总的看来，朝下爬要比朝上爬轻松多了，所花费的时间也少一些。这样，当太阳还没落山的时候，蜗牛就已经爬到了梧桐树的根部，也就是昨天它出发的地点。

现在请问：在蜗牛上下爬行的途中，会不会存在着这样的一个点：蜗牛第 1 天上树时经过这一点的时刻，和蜗牛第 2 天下树时经过这一点的时刻完全相同？

但是，面对这个问题，很多天之骄子不知如何下手。

解答这个问题，其实很简单。思路正确，问题便会迎刃而解；否则就会一筹莫展。在这里，正确的思路有许多种，其中较简单的一种是：利用头脑中的视觉形象，把第 1 天和第 2 天重合起来，把上树的蜗牛和下树的蜗牛设想为两只蜗牛，它们从树根和树梢同时出发，沿着同一条路线相对爬行，两只蜗牛肯定会在中途相遇。显然，相遇的那一点就是问题的答案。

这些大学生们怎么了，难道是他们的智商不行？在现行的教育中，中国学生往往比美国学生更加勤奋用功，但我们同时又发现，随着学龄的增长，中国学生在许多方面逐渐不如美国学生，创造力便是其中一项。这是为什么呢？

想想我们的教育方法，它把我们的思想都禁锢在"一是一、二是二"的固定思维中，只知道考试的答案，缺少活力与想象力。因此，我们就不会奇怪前面故事中的同学们在一道简单得只要稍微用一下想象力的题目前败下阵来了。

我们的人生中其实会碰到很多这样的"智力竞赛题"，关键在于我们是否将我们的思想打开，让思路更开拓。记住，对待很多问题我们应当学会展开无限的想象，那一瞬间产生的灵感也许会改变我们的一生。

有时看似很难解决的问题，只要打开思路，多向外面看一看，问题不仅会迎刃而解，而且成效还会比你原先料想的要好。

在美国芝加哥，有一座十分著名的观光饭店，因客流量很大，经常会出现电梯堵塞的情况，引得游客十分不满。饭店高层决定增建一座电梯。但将电梯安在哪里成为问题，饭店内部的规划不能随意破坏，否则会引起很多问题。电梯工程师和建筑师为此反复勘测了现场，研究再三，决定在各楼层凿洞，再安装一部新电梯。不久，图纸设计好了，施工也已准备就绪。这时，一个饭店服务员听说要把各层地板凿开装电梯，便说："这可是项大工程，饭店非得搞得天翻地覆不可！"

"是啊！"工程师回答说。

"那么，这个大厦也要停止营业了？"

"不错，但是没有别的办法。如果再不安装一部电梯，情况比这更糟。"

"哪用这么麻烦，要是我呀，就把新电梯安装在大楼外边。"服务生不以为然地说。

听到这里，工程师突然茅塞顿开，原来可以有这么简单的方法。结果饭店采用了服务员的建议，把电梯安装在大楼外。这是世界上第1部安装在楼外的电梯。

有时问题很简单，但就看你怎么想。将电梯安装在楼外，对于一般人来说，看到结果后会想：也不过如此。但为什么你没有想到？只因你没有让你的思路多向外面看一看。

平时我们之所以不能创新，或不敢创新，常常是因为我们从惯性思维出发，以致顾虑重重、畏首畏尾。而一旦我们能够开阔思维，就会发现很多新的机会。

其实许多具有创意的解决方法都是来自于开阔思维，在对待同一件事时，从别的方面和角度来解决问题，甚至于最尖端的科学发明也是如此。爱因斯坦说："把一个旧的问题从新的角度来看需要创意的想象力，这成就了科学上真正的进步。"

化学家罗勃·梭特曼发现了带离子的糖分子对离子进入人体是很重要的。他想了很多方法以求证明，都没有成功，直到有一天，他突然想起不从无机化学的观点，而从有机化学的观点来看这个问题，才得以证明这一点。

我们在工作和生活中，时常会遇到"瓶颈"，这是由于人们只局限于固有的狭小思维空间，如果能开阔思维，也就是我们一直说的思路多向外面看一看，情况就会改观，就可以克服思维定式，促使新创意的产生。

第十四节
用思考打开
勤劳的智慧之门

经验，往往是大脑逃避思考的借口

一次海航中，一艘巨大的远洋油轮不幸触礁，大多数人葬身海底，幸存下来的一小部分船员拼死登上一座孤岛。

接下来的情形更加糟糕，岛上只有石头，寸草不生，没有任何可以用来充饥的东西。更为可怕的是，在烈日的曝晒下，每个人都口渴难耐，水成了最珍贵的东西。

尽管四周都是水，可有常识的人都知道那是海水，海水又苦又咸，根本不能用来解渴，更何况这些经验丰富的海员。

这些人唯一的生存希望是等到下雨或有过往船只发现他们。但是没有任何船只经过这个寂静的海岛，而且也没有任何下雨的迹象，天际除了海水还是海水。

随着时间的推移，不断有海员因为缺水而昏迷，但他们依然不敢喝海水，最后，他们纷纷渴死在孤岛上。

当最后一名船员快要渴死的时候，他实在忍受不住扑进海里，"咕嘟咕嘟"地喝了一肚子海水。

船员喝完海水，一点也感觉不出海水的苦涩味，相反觉得这海水十分甘甜，非常解渴。他心想：也许这是自己渴死前的幻觉吧。他静静地躺在岛上，等着死神的降临。

可是过了很长时间，他一点也没有不舒服的感觉。船员非常奇怪，于是他每天靠喝海水度日，终于等来了救援的船只。

后来，人们化验这里的海水时才发现，由于有地下泉水的不断翻涌，这儿的海水实际上完全是可以饮用的。

海水是咸的，这是千百年来人们所传承的一个经验，不管你是否到过海边、喝过海水，大多数人都知道这一经验。然而，正是这个被大家所熟知的经验，欺骗了那些海员，最后，在面对周围都是可以喝的海水中，他们渴死在岛上，这不能不说是对经验的一大讽刺。

一般来说，经验是我们的宝贵财富，我们常常以过去的经历来看将来的发展。但是，经验也常常限制了我们的头脑，让我们的大脑变得机械而固执。

有一个小女孩，看着妈妈在做饭，就好奇地问妈妈："为什么你每次煎鱼都要把鱼头和鱼尾切下来，另外再煎呢？"

妈妈被问住了，回答说："因为从小看见你的外婆都是这么做的。"

于是，她就打电话问她的母亲。原来，过去家里的锅太小，无法装下一整条鱼，所以她的母亲才把鱼的头、尾切下来另外煎。

经验告诉那位母亲，煎鱼要把头尾切下来另煎，但是这样做的目的是什么，她却无法回答，因为她的头脑被经验所束缚，没有深究其原因。

人们往往过于相信自己的感觉，以为自己的经验非常正确，不会出现偏差。正是经验，常常让我们的大脑"停工"，成为大脑逃避"勤奋"的借口。也正是这样一成不变的思维，才使得人们有时犯下难以弥补的错误。

在高速发展、瞬息万变的社会里，如果拘泥于过去成功的经验，不知变通，往往会犯下许多过错，只有随时调整自己的思维方式，不让经验左右自己，才会少犯错误，甚至不犯错误，从而走向成功。

但在现实中，我们却很难做到这一点。每一个人随着岁月的增加，不知不觉都会增添更多的经验，年纪越大，我们被束缚得越紧。譬如说，有人认为过了 30 岁，就要有 30 岁的样子；当主管就必须有当主管的样子；而 30 岁的人又该是什么样子？做主管又得是什么样子？这些缺乏创意的想法越多，你越是动弹不得。尤其是专业知识丰富的人，就越难以超脱固有的窠臼，过度地相信经验，就容易产生偏见。

怀有偏见的人，不但没有研究和求证的精神，而且喜欢选择他们所相信的事实，胡思乱想、随意揣测，只要自己认为是对的就是对的，自己认为有问题的，别人怎么说都没有用。

怀有偏见的人还会丧失好奇与怀疑的能力，会越来越不注意任何异常的现象，也不问为什么。他们的大脑渐渐丧失了思考的能力，也就失去了创新发展的能力。

怀有偏见的人，通常会用他们狭隘的经验去工作、生活，结果很多辛苦的劳动由于经验的错误指挥，而毫无功效，甚至会使他们离正确的道路越走越远。

过于依赖经验是成就大业的障碍，过于依赖经验是成功的绊脚石。因为，经验限制了我们有效的反应能力，经验限制我们的眼光，经验只让我们注意存在的事实，经验会僵化创意，经验让我们看不到真正的问题，经验限制了资讯的交流。

思考程式化，陷入定式思维

思维是人类最为本质的特征，是人一切活动的源头。一个人的思维能力总体处于发展、趋势中，但也会存在一种相对稳定的状态，这种状态由一系列的思维定式所构成，由一系列思维定式的品质所表现。有这样一则笑话。

有位警察到森林打猎，他在野兽经常出没的地方隐蔽起来。忽然，一只鹿跑了出来，这位警察立即跳过灌木丛，朝天开了一枪，并大喊："站住，我是警察！"这就是思维定式。

所谓思维定式，是指人们从事某项活动时的一种预先准备的心理状态，它能够影响后继活动的趋势、程度和方式。构成思维定势的因素，主要是认知的固定倾向。

在生活中，我们总容易陷入思维定式，像已存在的知识、经验、专家权威的警告，还有自己固有的思考方式，等等，都是我们容易陷入思维定式的陷阱。

拿破仑失败后被流放到圣赫勒拿岛后，他的一位善于谋略的好友通过秘密方式给他送去一副用象牙和软玉制成的国际象棋。拿破仑爱不释手，从此一个人默默地下起了象棋，打发着寂寞而痛苦的时光。象棋被摸光滑了，他的生命也走到了尽头。

拿破仑死后，这副象棋几经转手拍卖。后来一个拥有者偶然发现，有一枚棋子的底部居然可以打开，里面塞有一张如何逃出圣赫勒拿岛的详细计划！

这个故事让人十分感叹，即使是天才，也有陷入思维定式的时候。拿破仑曾经有过很多创新的举措，这些举措中大部分都被欧洲使用至今，可到最后，这个创新天才，却因为陷入了死胡同而孤独死去。

也许我们正被困在一个看似走投无路的境地，也许我们正囿于一种两难的选择，这时一定要明白，这种境遇只是我们固执的定式思维所致，只要勇于重新考虑，一定能够找到不止一条摆脱困境的出路。

有一个公司在招聘员工时出了这样一道试题。一个狂风暴雨的晚上，你开车经过一个车站，发现有 3 个人正苦苦地等待公交车的到来：第 1 个是看上去濒临死亡的老妇，第 2 个是曾经救过你命的医生，第 3 个是你的梦中情人。你的汽车只容得下一位乘客，你选择谁？

大多数人都选择其中之一并举出他的理由：选择老妇，是因为她很快就会死去，应该挽救她的生命；选择医生，是因为他曾经救过你的命，现在是你报答他的最好机会；选择梦中情人，是因为如果错过这个机会，也许就永远找不回她（他）了。

在 100 个候选人中，最后获胜的那一位的答案是什么呢？"我把车钥匙交给医生，让他赶紧把老妇送往医院；而我则留下来，陪着我心爱的人一起等候公交车的到来。"

陷在思维定式里，我们的思维便成为一团糨糊，无法找到真正合适的答案。打开脑中的限制，再开放一些，一个智慧的答案就会呼之欲出。

5 岁的女儿回到家里，向约翰讲述幼儿园里发生的事："爸爸，你知道吗？苹果里有一颗星星！"

"是吗？"约翰轻描淡写地回答道，他想这不过是孩子的想象，或者老师又讲了什么童话故事了。

"你是不是不相信？"女儿打开抽屉，拿出一把小刀，又从冰箱里取出一个苹果，说道："爸爸，我要让您看看。"

"我知道苹果里面是什么。"约翰说。

"来，还是让我切给您看看吧。"女儿边说边切苹果。

按照一般的思维，"正确"的切法应该是从上部切到底部窝凹处。而女儿却把苹果横放着，拦腰切下去。

然后，她把切好的苹果放到约翰面前："爸爸你看，里面有颗星星吧。"

如果限制自己的思维，你能看到的只是一块毫无新意的天地。突破定式思维有时就是转换个角度，让自己的视野更开阔些，就能发现一片令人耳目一新的新天地。

突破思维定式意味着思维创新，它直接关系到一个人事业的成败，因为只有创新才能够"救活"自己的异常思维和才智，从而激活自己全身的能量。在日常生活中，每个人都是投石问路者，或难或易，或明或暗，或悲或喜，仿佛不停地换气。在一个个"陷阱"之中，用有效的创新点击人生火花，可以成为突击生存的梦想和手段。谁要抓住创新思想，谁就会成为赢家；谁要拒绝创新的习惯，谁就会平庸！创新是发展的生命。

"工作唯有改变，才能创新人生。追求人生成功的方法就是把智慧用在工作的创新中，力戒一种工作适合于己的观点。用不同的工作挑战自我，这就是最大的创新！"

当你在工作或生活中遇到障碍，进行不下去的时候，其实事情未必像你想象的那样无路可走,而是你陷入了经验或思维定式的束缚中,只要换一下思路,问题可能就迎刃而解。

世界不是静止的而是运动的,并由此变得复杂,变得缤纷多彩。诚然,改变自己的固有习惯,是一件非常痛苦的事情,无论是对于一个个体、一个企业,还是一个国家。而人世间,没有任何成就感能够比得上创新成功后所带来的喜悦。

世界是如此浩大,我们谁也无法穷其究竟,这就注定了探索规则是一个永恒的过程。只有不拘于常理,不事事顺应潮流、听天由命,敢于打破常规、改造环境的人,才能获得成功。

绕道而行,思想可以转个弯

两个兄弟走在路上,弟弟发现前方有一块大石头,他就皱着眉头停在石头面前。

哥哥问他:"为什么不走了?"

弟弟苦着脸说:"这块石头挡着我的路,我走不过去了,怎么办?"

哥哥说:"路这么宽,你怎么不绕过去呢?"

弟弟回答道:"不,我不想绕,我就想从这个石头前穿过去!"

哥哥:"可能做到吗?"

弟弟说:"我知道很难,但是我就要穿过去,我就要打败这个大石头,我要战胜它!"

经过艰难的尝试,弟弟一次又一次地失败了。

最后弟弟很痛苦:"连这个石头我都不能战胜,我怎么能完成伟大的理想!"

哥哥说:"你太执着了。对于做不到的事,不要盲目地坚持到底。你要知道有时坚持不如放弃。"

坚持,是为了找到问题的解决方法,若是一条道路走不通,千万不要像故事中的弟弟一样,对于做不到的事情盲目坚持。跳出坚持,我们不妨转个弯。

人生之路漫漫长。在这条漫长的人生路上，多数人就像在磨道里拉磨一样，永无休止地在这个环形道上走着，直到生命的最后一刻。也有一些聪明人，他们不甘于在这种环形路上重复地走下去，他们另外开辟了新路子，他们走出了圈子，他们看到了大千世界里更多别人没看到的事物，得到了别人没有得到的东西。他们成了成功者。

条条大路通罗马，如果你百般努力却成功无期，那就不要盲目地坚持到底，你可以选择放弃，思想转个弯，绕道而行，这往往会给你带来新的契机。

有这样一种现象：如果把一只蝴蝶放飞在一个房间里，它会拼命地飞向玻璃窗，但每次都碰到玻璃上，在上面挣扎好久恢复神志后，它会在房间里绕上一圈，然后仍然朝玻璃窗上飞去，当然，它还是"碰壁而回"。

其实，旁边的门是开着的，只因那边看起来没有这边亮，所以蝴蝶根本就不会朝门那儿飞。追求光明是多数生物的天性，它们对于光明的执着可以说是偏执，为了光明甚至可以"飞蛾扑火"，用生命为代价来追求光明。而当我们看见碰壁而回的蝴蝶的时候，可以感悟这样一个哲理：有时，我们为了达到目的，绕道而行反而会更快地如愿以偿；相反，坚持执着则会永远在尝试与失败之间兜圈子。

百折不回的精神虽然可嘉，但如果困难是一座无法移动的大山，我们最好是换一个方向，绕道而行。为了达到目标，暂时走一走与理想相背驰的路，有时反而正是智慧的表现。

法国农学家安瑞·帕尔曼切被关在德国集中营时曾经吃过土豆，觉得其味甘美。得救之后，他决定在自己的家乡种植土豆。

但是不少人反对他种土豆，尤其是那些宗教迷信者，把土豆视为"鬼苹果"，医生们也普遍认为土豆对人体有害，连一些农学家也断言：种植土豆会导致土地贫瘠。

怎样才能使土豆顺利地推广呢？

1789 年，帕尔曼切得到国王的特别许可，在一块劣质的土地上栽种了土豆。

春去秋来，快到土豆成熟时，帕尔曼切向国王请求，派一支军队来看守这片土豆。这样一来，土豆成了军队保卫的"禁果"。对此人们感到奇怪，而且禁不起诱惑，每天晚上都有人悄悄跑来，偷挖这些"禁果"。大家尝到土豆的美味后，又偷出一些"禁果"把它移植在自己的菜园里。

于是，土豆便在法国推广开来。

如果直接在法国栽种土豆，可能会得到很多人的反对，但是帕尔曼换了一种方式，利用人们的好奇心，反其道而行之，结果取得了相当好的效果。

很多人撞了南墙不知回头，其实，此路不通有他路，何必撞得头破血流还要继续撞。回头还可以去借梯子，借到梯子就能爬过去，走通这条路。无论是回头去找新路，还是回头去找梯子，都是走出直线去画圆，都是为了走通往前去的那条路。

在工作中，会出现许多我们无法通过正常思维方式和方法来解决的问题，即使能够解决，也会因为耽误大量的时间而降低效率。但若转换一个角度，采取"曲线救国"，效果则会大大不同。

所以，我们不要抱持着自己的老观念不放，而是应主动接受新鲜的思维，进行脑力革命，克服思维上的惰性。创造者善于将思想转个弯，摒弃因循守旧，创新求变，因而达到真正的成功！我们有很多人常抱怨自己脑子太笨，这是因为人们不开动脑筋，在过去的思维模式中打转转。

学会绕道而行，迂回前进，是人生的大智慧。当你用一种方法思考一个问题或从事一件事情，遇到思路被堵塞时，不妨另用他法，换个角度去思考，换种方法去做，也许你就会茅塞顿开、豁然开朗，有种"山重水复疑无路，柳暗花明又一村"的感觉。

减法思维，因为减少而丰富

当事物以某种固定态势或完全要素存在的时候，我们不妨动用一下"减法思维"，打破原有态势的稳定结构，减去某种构成要素，使旧有事物的属性发生根本性的变化。在减法思维中，1－1＞1。因为减少而丰富，这是减法的要义。

"杂交水稻之父"袁隆平院士的思维过程，正体现了"减法思维"的特殊作用。水稻是自花授粉植物，雄蕊、雌蕊都在一朵花里面，雌雄同株，没有杂种优势——杂种优势是生物界的普遍现象，小到细菌，大到人，近亲繁殖的结果是种群的退化。但是水稻因为花小，其杂交是当时公认的世界难题。袁隆平不信这个邪，他突发灵感：专门培养一种特殊的水稻品种——雄花退化的雄性不育系，没有自己的花粉，这样不就可以做到杂种优势吗？功夫不负有心人，1972年，袁隆平的学生李必湖在海南发现一野生的雄性不育系水稻"野败"，杂交水稻的研究之路从此豁然开朗了。

水稻"雌雄同株"似乎已成固定态势和完全要素，袁隆平院士所突发出的灵感之光，实际上是"减法思维"的闪动：打破雌雄并立的固定态势，减去其中的雄性要素，使水稻也能异体杂交。他成功了，功在他的"减法思维"。这种思维模式在生活中也常会应用到，比如"退一步海阔天空"。

减法思维在商界也经常采用，主要体现在开源节流，关注成本。这是经商积累资金的方法之一。美孚公司董事长洛克菲勒视察一个工厂时，他观察了一会儿5加仑石油罐的封装过程。装满石油的桶罐通过传送带输送至旋转台上，焊接剂从上方自动滴下，沿着盖子滴转一圈，作业就算结束，油罐下线入库。他发现每只油罐用40滴焊料，洛克菲勒对工人说："你没有试过39滴吗？用39滴封几个看看行吗？"后来发现用39滴封的一只不漏。从此39滴成了美孚工厂的规格。新机器节省的虽然只是1滴焊接剂，但是这滴焊接剂每年却为公司节省5亿美元的开支。

在创新当中，减法思维的作用也不可忽视。山东有位小老板，乘车时突然想到一个问题，两辆汽车夜行开着的大灯对射易出危险。能不能把车灯变成一种会眨的眼睛？这在国际汽车史上都是一个空白，最精明的日本人也只发明了一种手动的"车灯眼皮"——对面来车时拨一下传动杆，"眼皮"半合，减小亮度。

　　这位老板善于思考,设计了一个电筒式装置,前端有一个光敏元件,后面一套复杂的调主线路。于是情况变成了这样:光敏元件测得对面的车灯就指示自己的灯减压减光,温柔地让对方通行,对方也如此办理,两车错过,再自动亮起光彩夺目的"眼睛"。这个小装置成本才30元左右,效果不说自明。因此,在1986年深圳举办的出口工业品交易会上大爆冷门,力压群雄,夺得了2000万元的订货。经核算,该产品至少可获得100万元利润。他成功的原因是他巧妙地利用了减法思维,设计了一套减光装置。

　　在生活中,减法思维存在的空间更为广泛。有个名人提倡用"减法思维"对待生活。比如饭少吃一口,就不至于得胃病;官阶少升一级,说不定会少操点心;金钱少挣一些,就不会有花用的烦恼;房屋少住一两间,就没有打扫的劳累;虚名闲位少要一点,就会活得清静自在……用以此类推的减法思维对待生活,或者用减法思维来想问题,真的是一种明智的活法。

　　愿人们想想自己的不足和缺欠,如果觉得什么地方不如人,或者干脆顺其自然,对自己身心都有益。人们将从"减法"中得到快乐。

　　"减法思维"是一种智慧。怀特曾说:"一定要等到你课本都丢了,笔记都烧了,为了准备考试而记在心中的各种细目全部忘记时,剩下的东西,才是你所学到的。""无知之知"的"知",其实指的是认识一个广大的世界。庄子说过,"吾生也有涯,而知也无涯,以有涯随无涯,殆已","为学日益,为道日损,损之又损,乃至于无为,无为而无不为"。求知识是日益增加,求智慧是日日减损;在世人的观念中,丰富是增加出来的,但事实并非完全如此,有时减少一些,简单一些,问题反而峰回路转,减法思维,其实是一种智慧的增加。

第 五 章

时刻准备，在变化中掌控成功的机遇

第十五节
变化是生活的
永恒主题

改变自我，适应环境的变化

生活中，很多人时常抱怨学业压力大，工作不好，自己一番辛苦却没有改善，等等。但抱怨的同时他们是否能反思一下，同样的环境中为什么有人照样可以生活得逍遥自在、乐观向上，而自己却总有满腹牢骚？换一种思路看待生活，让自己生活得快乐些，何乐而不为呢？除了宣泄情绪，抱怨是最没有意义的。既然不能要求环境适应自己，则只能让自己适应环境，因为如果你无法改变环境，唯一的方法就是改变你自己。

德国有句民谚："弱者困于环境，强者利用环境。"再好的条件提供给了你，如果你不改变自我，不适应环境，那也不会有任何收获；相反的，即使再恶劣的困难摆在你的面前，如果调节自我，能够合理利用环境资源，最终你也会取得成功。赢得胜利的东西不在别处，它就在你的心中。

一个名叫瑟尔玛·汤普森的妇女曾经讲过这样一段经历。

战时，汤普森的丈夫驻防加州沙漠的陆军基地。为了能经常与他相聚，她搬到那附近去住，那实在是个可憎的地方，她简直没见过比那更糟糕的地方。她丈夫出外参加演习时，她就只好一个人待在那间小房子里，热得要命——仙人掌树荫下的温度高达257℃，没有一个可以谈话的人。风沙很大，所有她吃的、呼吸的都充满了沙、沙、沙！

汤普森觉得自己倒霉到了极点，觉得自己好可怜，于是她写信给她父母，告诉他们她放弃了，准备回家，她1分钟也不能再忍受了，她情愿去坐牢也不想待在这个鬼地方。她父亲的回信只有3句话，这3句话常常萦绕在她心中，并改变了她的一生：

"有两个人从铁窗朝外望去，一人看到的是满地的泥泞，另一个人却看到满天的繁星。"

被这几句话所启发，汤普森决定找出自己目前处境的有利之处，她要找寻那一片属于自己的星空。

此后，她开始与当地居民交朋友，他们的反应令她心动。当她对他们的编织与陶艺表现出很大的兴趣时，他们会把拒绝卖给游客的心爱之物送给她。汤普森研究各式各样的仙人掌及当地植物。她试着去认识土拨鼠，观看沙漠的黄昏，寻找300万年前的贝壳化石，原来这片沙漠在300万年前曾是海底。

汤普森的生活发生了天翻地覆的变化，她的每一天都充满了快乐和希望。是什么带来了这惊人的变化呢？因为她的态度改变了。她知道，在这种地方没有任何人能帮助她，只有自己才能把不利因素变为有利因素。正是这种改变使她有了一段精彩的人生经历。汤普森所发现的新天地令自己觉得既刺激又兴奋。她着手写一本书——本小说，她逃出了自筑的牢狱，找到了美丽的星辰。

很多时候，我们的困境，都是我们自筑的牢狱，解脱的关键就是我们能否像汤普森那样，改变自我，适应环境。

美国著名实用主义哲学家威廉·詹姆斯曾经说过："我们这一代最伟大的发现是，人类可以经由改变态度而改变自己的生命。"每个人或多或少都有沉溺于一种悲观情绪而不能自拔的时候，走出情绪低谷，靠的不仅是勇气，还有智慧。毕竟，一个人身上的潜能是多方面的，这都预示着多种发展方向。人们常说上帝在向你关闭一扇门的同时，会为你打开一扇窗，但很多人都无视窗的存在，却执着地望着紧闭的门。而这样做的结果，只能是徒增烦恼。

当我们在为生活或境遇烦恼苦闷的时候，要学会敞开一扇心灵之窗，换个角度看待生活、看待事物，不能陷进消极的泥潭，那样做得再多也只是无谓的挣扎。要改变自己的心态，换一种思路，利用现有的条件尽自己的力量和智慧去改变现状，在不如意中开拓另一条生存之路，使自己在"改变"中战胜自己。透过一扇新的窗口去看一些风景，总会有新的感受和收获。

有这样一个故事。从前有一只乌鸦打算飞往南方去，在途中遇到一只云雀，它们就停在一棵树上休息。云雀看见乌鸦神情憔悴，就关心地问："你是往哪里去的呀？"乌鸦愤愤不平地说："不知道。其实，任何地方我都不想去。这里的居民也太可恶了，不但嫌我的叫声不好听，还挖苦我，取笑我，现在竟然还赶我走！"云雀告诉乌鸦："老兄，你还是别白费力气了！如果不改变你的声音，你无论飞到哪里都不会受欢迎的！"

很多时候，我们为了摆脱困境，做了很多的努力，比谁都要认真、执着，但我们只是试图改变不可能的客观环境，却忘了改变自我。

执着是一种良好的品性，但在有些事上，过度的执着，会导致更大的浪费。一个人认准一个目标，奋力向前，本来是一件好事情。可是问题在于，如果这个目标是错的话，而他仍要奋力向前，改变环境适应目标，无异于以卵击石，螳臂挡车。其实，就算是小事情，如果目标错了，却又执迷不悟，同样不如没有目标。因为，在错误的道路上行走，还不如止步不前。

诺贝尔化学奖与和平奖得主莱纳斯·波林说："一个好的研究者应该知道发挥哪些构想，而丢弃哪些构想，否则，会浪费很多时间在差劲的构想上。"有些事情，你虽然做了很大的努力，但你一旦发现自己处于一个进退两难的地位，你所走的研究路线也许只是一条死胡同，这时候，最明智的办法就是改变自我研究的方向，去研究别的项目，寻找成功的机会。

我们无法改变环境，那就换一种方式，适应环境，改变自我，而有时随着自我的改变，环境也会随之改变，并为你敞开成功的大门。

借助直觉，对变化做出正确判断

在这个强调理性思考的年代，很多人轻视自己的感觉，认为直觉是头脑简单的家伙才会相信的肤浅感觉，甚至羞于承认有时候会"顺着感觉"做决定。　在面对问题和变化时，他们通常会拿出无数的规则的公式，不断进行推理演绎，反复地演算事情变化的各种可能性。为了得到理性结果，他们耗费了大量的精力和时间。《求生之书》就明白指出"逻辑思考和自我否定是扼杀直觉的头号杀手"。理性的逻辑训练让我们瞻前顾后，我们通常是怀疑直觉，而不是去拥抱它。

但是我们应该了解，直觉是人类另一个认知系统，是和逻辑推理并行的一种能力。或许我们比较能够接受直觉的存在。让直觉进入我们的生活，与思考的能力并行，就像打开车子前面的两个大灯，同时照亮我们左右两边的视野。

直觉思维是指不经过循规蹈矩的逻辑分析直接面对问题本身的领悟或理解。它是创造性思维活跃的一种表现，是发明创造的先导。

物理学上的"阿基米德定律"是阿基米德在跳入浴缸的一瞬间，发现浴缸边缘溢出的水的体积跟他身体入水部分的体积一样大，从而瞬间悟出了著名的比重定律。达尔文在观察植物幼苗的顶端向太阳照射的方向弯曲时"猜测"到了幼苗的顶端有某种物质在光照下会转向背光一侧。虽然在他有生之年未能证明是一种什么物质，但后来的科学家们循着他的思路研究，终于在1933年发现了这种物质——植物生长素。

即使是最伟大的科学家之一爱因斯坦，也非常看重直觉，他说"真正有价值的东西就是直觉"。在寻找宇宙真理的过程中，比起其他品质来，他更信赖自己的直觉。

一般来说，直觉常常是难以捕捉的，但其用处却是非同寻常的，事实上，从个人生活到工作、事业，许多重要的成果都来自于直觉。理性的、逻辑的思维是有限的，它仅仅局限于人们已知的范围。许多时候人们难以正确地预见事物的发展变化，理性思维的烦琐和严密也常使得时间紧迫的人们不能得到充分的时间去慢慢思考。

直觉思维在日常生活和工作过程中，有时表现为提出怪问题，有时表现为大胆的猜想，有时表现为一种应急性的回答，有时表现为解决一个问题而设想出多种新奇的方法、方案，等等。

事实上，只要不是过分地被一时的情感所干扰，直觉往往能带来比理性判断更准确的结论。因为理性判断会被无意识的言语、行为以及感情之外一时的利弊权衡所影响，而直觉却更能注意到一个人无意间暴露出来的内在信息，或内心深处的想法。

在生活与工作中，人们由于自己活动范围的局限，所能获得的有效信息是非常有限的，几乎不可能在事先就保证所做的决策是正确的。另外，社会常常瞬息万变，有时候慢条斯理的调查分析需要时间，从而有可能使我们失去最好的战机。直觉在这里有其不可替代的作用，我们通常会看到这样一种现象：许多理论专家往往会做出错误的判断，但直觉力强的人却能有快捷而正确的决策。

在我们运用直觉做出判断时，并非无意识，而是由人类神秘的潜意识做出的。

潜意识就好像是直觉或灵感的蓄水池，直觉在刚刚出现时，是一股很细的水流，如果理性的意识活动太强，就会堵塞潜意识的细流；如果任由其流，所做的只是在下面用容器接水，那么，出水口就会越来越大，流出的水就会越来越多。

直觉力强的人，常常不是那种"完美无缺"的人，在灵感涌现之时，快速地说出、写出，快速地行动，往往让一般人觉得不稳重，但他们更有灵性，更具创造力。

面对变化时，我们不妨相信自己的直觉，它可能会带给我们可遇而不可求的灵感，使问题迎刃而解，甚至会带来意外的收获和发现。

洞悉先机，做事才能够有备无患

凡事预则立，不预则废，没有计划，走到哪算哪，顺着潮水走，相拥比肩进，结果免不了要"盲人骑瞎马，夜半临深池"。

洞悉先机，才能有备无患。例如，每天广播电台的天气预报就是一种预测。预测天气的变化，以便做好准备。如果近几天就有寒流来临，那就要采取防冻措施；如果预测工作被忽视而搁置一旁，那么天气急剧降温以后才去防冻，就来不及了，难免要造成重大损失。因此，应变应有洞悉先机的眼光，洞悉先机对于应变来说是极为重要的。洞悉先机，才能有所准备，有准备才能更好地应变。

在现实生活中，机会并不是随处可见，它需要我们善于发现、把握。而洞悉先机，则是把握与创造机会的重要前提之一。不能够把握机会到来的预兆，往往会让我们痛失机会，有时还会对危机防不胜防，造成重大灾难和损失。

中国古代有这样一个故事。

一个旅人经过一户人家，看见这户人家灶的烟囱是直的，灶旁又堆着许多柴火。旅人就向主人提出两条建议：一是将烟囱改成弯曲的，二是把灶旁的柴火搬到离灶远些的地方去。并且警告说，如果不这样做，就很可能会发生火灾。旅人是根据自己的经验和实际观察的结果，做出这种预测的。主人对旅人的警告不以为然，表面上点头称谢，表示接受，而实际上却无任何改变的行动，把诚恳的忠告当成耳边风。不久这户人家果然发生了火灾。邻居很多人都去救灾。火是被扑灭了，这户人的家财却被一把大火烧光。这是不预而废的恶果。

很多人在失败后给自己寻找原因，把成功和失败归结于条件，归结于自己没有机会，从而忽略了自身的因素。

日本人古川久好只是一家公司的小职员，做一些文书工作，工作很是辛苦，薪水却不高。但他不想一辈子都这样辛辛苦苦却没钱赚，他总是思考获得财富的方法。有一天他看到报纸上有一条介绍美国商店情况的专题报道，其中有一段提到了自动售货机，上面写道："现在美国各地都大量采用自动售货机来销售商品，这种售货机不需要雇人看守，一天 24 小时可随时供货，而且在任何地方都可以营业，它给人们带来了方便。可以预料，随着时代的进步，这种新的售货方式必将被广大的商业公司所采用，也会很快被消费者接受，前景非常好。"

古川久好对此非常感兴趣。他想："日本现在还没有人经营这个项目，但将来也必然会迈入一个自动售货的时代。这项生意对我来说是一个天大的机会，我会由此而创造一个巨大的商机。至于售货机里的商品，应该把一些新奇的东西填充进去。"

他东拼西凑，筹到 30 万日元，这一笔钱对于一个小职员来说不是一个小数目。他以 1 台 1.5 万日元的价格买下 20 台售货机，设置在酒吧、剧院、车站等一些公共场所，把一些日用百货、饮料、酒类、报纸杂志等放在售货机中，开始了他的新事业。

这一招果然给他带来了财富。古川久好的自动售货机第 1 个月就为他赚到 100 多万日元。他继续把每个月赚的钱投资于自动售货机上，扩大经营的规模。5 个月后，古川除了还清借款，还净赚了近 2000 万日元。

一些人看这一行很赚钱，也都跃跃欲试。而这时的古川又有了新的创意。他自己投资成立工厂，研究制造"迷你型自动售货机"。这项新产品外形娇小可爱，不仅实用，而且美化了环境。

古川久好的自动售货机上市后，立即以惊人的速度被抢购。日本各地的商人纷纷向古川久好订购迷你型自动售货机。其中有一个人单独向古川久好购买了 120 台，大做自动售货机的生意。几年后，这种经营方式在日本的城市里普及开来，古川久好也因制造自动售货机而发了大财。

古川久好的成功，就在于他洞悉先机，敢为人先，在自动售货机还没有亮相日本的时候，他便发现其中巨大的商机，由此而掘到第 1 桶金。而在别人纷纷跟风之后，他又转向制造自动售货机，从而发了大财。步步先于他人，正是他洞悉先机的远见所带来的。

由此可见，洞悉先机的人是有远见的人，他们或者知道如何提升现有产品和服务，或者拥有可以吸引市场关注的诀窍。史蒂夫·乔布斯重新设计了计算机，使它操作起来非常简单，任何人都可以使用。德威特·华莱士和莱拉·华莱士将以前杂志上刊登的文章再次整理，浓缩成《读者文摘》。

戈德曼是目前超级市场人人必需的购物手推车的发明者。1937年，他在俄克拉荷马城超级市场，观察到顾客个个挎着、背着装满物品的筐和口袋，排着队等待着结账。他灵机一动，于是试制了一辆四轮小型手推车，结果深受消费者和超级市场老板的欢迎，获得了重大发明专利。

克兰是专售巧克力的商人。他每到夏季便苦闷异常，因为巧克力变软，甚至融化，销售量急剧下降。他苦思冥想，制造了一种专供夏季消暑用的硬糖，造型上一改块状、片状型，而压制成小小的薄环。1912年，他正式批量生产这种命名为"救生圈"的具有薄荷味的硬糖，颇受欢迎，至今畅销不衰。

哈姆威原是出生在大马士革的糕点小贩，1904年在美国路易斯安那州举行的世界博览会期间，他被允许在会场外面出售甜脆薄饼。他的旁边是一位卖冰淇淋的小贩。夏日炎炎，冰淇淋卖得很快，不一会儿盛冰淇淋的小碟便不够用了。忙乱之际，哈姆威把自己的热煎薄饼卷成锥形，当作小碟用。结果冷的冰淇淋和热的煎饼巧妙结合在一起，受到了出乎意外的欢迎，被誉为"世界博览会的真正明星"，获得了前所未有的成功。这，就是今天的蛋卷冰淇淋。

1973年，15岁的格林伍德收到了别人送给他的圣诞节礼物——一双溜冰鞋。他兴奋异常，马上就到屋外结冰的小河去溜冰，结果不到几分钟便跑了回来，因为外面太冷，耳朵受不了，戴上皮帽子，一玩起来又满头大汗。他终于琢磨出一个办法，请妈妈照他的意思缝了一副棉耳罩，两耳各套一个，十分方便实用。不久很多人都来找格林伍德要。小格林伍德和妈妈一商量，索性把祖母请来，一起做耳罩，公开出售。后来格林伍德为耳罩取了名字叫"绿林好汉式耳套"，并申请了专利。他成了美国耳套生产厂家的总首领，成了千万富翁。

从某种意义上说，机会的实质是一种环境因素，杰出的人能从这种环境因素的表象和种种变化中预见到对自身有利或不利的因素，他能让有限的环境资源发挥出巨大的作用，借此创造出有效的利益。具体地说，机会就是条件，是资源和利益的有效结合。

认识变化本质，学会"对症下药"

美国一家核电厂的机械设备出现了严重的故障，影响了整个电厂的运作。

电厂的技术人员虽然尽了最大的努力，但还是没能找到问题所在，无法恢复应有的供电水平。于是，他们请来了一位全国顶尖的核电厂建设与工程技术专家，希望这位专家能够找到问题的所在。专家到了，穿上白大褂、带上写字板，就去工作了。在之后的两天里，他四处走动，在控制室里查看了数百个仪表、仪器，记录笔记，并且进行着计算。

第 2 天结束的时候，专家从衣兜里掏出一支黑笔，爬上梯子，在其中一个仪表上画了一个大大的黑"×"。

"这就是问题所在。"他解释说，"把连接这个仪表的设备修理、更换好，问题就解决了。"

然后专家脱掉白色工作服，驾车回到机场，坐飞机回家去了。技术人员们把那个装置拆开，发现里面确实存在着问题。故障排除后，电厂完全恢复了原来的发电能力。

1 周之后，电厂负责人收到了顾问寄来的一张 1 万美元的"服务报酬"账单。

电厂负责人对账单上的数目感到十分吃惊。尽管这个设备价值数十亿美元，并且由于这些机器的故障损失数额巨大。但是以电厂负责人之见，专家来到这里，只是到各处转了两天，然后在一个仪表上画了一个黑色的"×"就回去了。1 万美元对于这么一项简单的工作来说似乎收费太高了。

于是电厂负责人给专家回信说："我们已经收到了您的账单。能否请您将收费明细详细地逐项分列出来？您所做的全部工作只是在一个仪表上画了一个'×'，1万美元相对于这个工作量似乎是比较高的价格。"

过了几天，电厂负责人收到专家寄来的一份新的清单。上面写道："在仪表上画'×'：1美元；查找在哪一个仪表上画'×'：9999美元。"

这1万美元的真正价值就在于发现问题所在，这就需要透视问题本质。电厂技术人员虽然尽了最大努力，但却因为没找到问题关键所在，所做的全是无用功。可见并非勤奋就一定会有价值，必须透视问题本质，学会"对症下药"，才会以最小的付出获取最大的价值。

抓住了问题的本质，才能更好地寻找到解决方式。事物的发展都存在着一定的联系，问题内部也是如此。

所以，面对变化，我们必须要培养一种"透过现象寻找本质"的能力，要将目光集中在问题的关键点上，这样更有助于快而好地解决问题。

研究李嘉诚的发家经历，我们就会发现，他的成功与透视变化本质、正确应对变化是分不开的。

1941年，12岁的李嘉诚随父母辗转来到香港定居。两年后父亲病逝，年仅14岁的李嘉诚只好辍学，在一家茶楼当跑堂，担起了供养母亲和弟妹的生活重负。

17岁那年他毅然辞去茶楼的工作，进了一家塑胶厂当工人。这段工作经历，使他积累了丰富的商场经验，培养了日后独立创业的能力。

1950年，22岁的李嘉诚开始了自己的创业生涯，他开设了一家小塑料厂，取名为长江塑料厂。

20世纪50年代中期，香港经济正处于工业化的起步阶段。李嘉诚慧眼识得发展的大好机遇，开始大量生产市场上短缺的塑料花，他使尽浑身解数把它打入欧美市场。塑料花到处盛开，成为一种时髦的家庭装饰品，也给李嘉诚源源不断地带来了利润。

30岁的时候，他事业已经有所成就。

李嘉诚这时的事业可谓一帆风顺。但是他清楚地意识到，"好花不会常开"，塑料花市场肯定会萎缩，好日子很快就会过去，只有掌握市场变化的内在规律，向新的领域发展，才能在反复无常的经济浪潮中立于不败之地。

在分析了香港经济未来走向之后，李嘉诚认为房地产的价值将会随着香港经济的发展而不断上升。

于是，从1960年开始，他大步进军房地产业，在地皮上大量投资，几年间便买下了上百万平方米的地皮和旧楼。

1964年，香港发生了严重的银行挤兑风潮，紧接着在1967年又出现了"九龙暴动"事件，使房地产价格暴跌。而李嘉诚面对凶险的市场变化却处之泰然，他深信自己的判断没错，反而冒着极大的风险把全部资产都投入房地产业，趁低价吃进了大量地皮和楼宇。

待到20世纪70年代初，香港房地产价格迅速回升，李嘉诚将手里3万平方米的地皮和楼房抛出，一出手便获利200%以上，一举成为世界闻名的大富豪。

商场如战场，千变万化，游离莫测。但李嘉诚却在让人眼花缭乱的变化中抓住了变化的本质，抛弃原来的塑料花市场，转而进军前景广阔的房地产行业，不为表面的浮动所动摇。正是这种智慧的胆识，成就了李嘉诚的财富。

20世纪80年代，古兹维塔接掌可口可乐执行董事长，面对百事可乐的激烈竞争，可口可乐的市场正被它蚕食掉。很多可口可乐高层，把注意力集中在百事可乐身上，专注于与百事可乐的竞争，竞争点放在每月0.1%的市场占有率上。

但古兹维塔并没有追随大众的思考角度，他决定停止与百事可乐的竞争，改而与0.1%的成长角逐。

他问起美国人一天的平均液态食品消耗量为多少？答案是400克。

可口可乐又在其中有多少？助手回答说是60克。

这时古兹维塔提出了他的看法，他说竞争的本质是为了做大市场占有率，可口可乐的竞争对象不是百事可乐，而是需要占掉市场剩余340克的水、茶、咖啡、牛奶及果汁。当大家想要喝一点什么时，应该是去找可口可乐。为达此目的，可口可乐在每一街头摆上贩卖机，销售量因此节节攀升，百事可乐从此再也追赶不上。

无论与谁竞争，竞争的本质都是为了扩大市场占有率。追求市场剩余的 340 克，这是一个质的飞跃，一击即中，揭开问题本质，真正的学会了"对症下药"，达到了前所未有的良好效果。

所有问题和需求都有发生的根源，这就是本质。问题和需求的表面现象总是与开发者的思路切入点相关，如果切入点是狭隘的，那么我们便不能透识变化的本质，正确的"对症下药"，问题和需求产生的原因就很难发觉。所以在面对问题和变化时，我们不要被表面现象所迷惑，限制自己的思路，而是认真思考，找到原因。

将思路跳出惯例，透过现象看本质，才能寻找到真正行之有效并且最合适的方法。

第十六节
机遇只青睐有准备的勤奋者

只要你去发现，机遇就在身边

印度流传着一则关于抢占钻石宝藏的故事。

一位先知拜访地主阿利·哈费特，说道："倘若您能得到拇指大的钻石，就能买下附近全部的土地；倘若您能得到钻石矿，就还能够让自己的儿子坐上王位。"

钻石的价值深深地印在了阿利·哈费特的心里。从此，他对什么都不感到满足了。

他请教先知到哪里能够找到钻石。先知想打消他的那些念头，但无奈阿利·哈费特听不进去，执迷不悟，仍死皮赖脸地缠着他，最后先知只好告诉他："您在很高很高的山里寻找淌着白沙的河。倘若能够找到，白沙里一定埋着钻石。"

于是，阿利·哈费特变卖了自己所有的地产，独自一人出发去寻找钻石。面对千难万险，他攀山越岭，走了很久，却始终没有找到要找的宝藏。他终于失望，在一个海边自杀身亡。

但是，这个故事还在继续。

一天，买了阿利·哈费特的房子的人，把骆驼牵进后院，想让骆驼喝水。后院里有条小河，当骆驼把鼻子凑到河里时，他发现河中有块发着奇光的东西。他立即挖出一块闪闪发光的石头，带回家，放在炉架上。

过了些时候，那位先知又来拜访这户人家，进门就发现炉架上那块闪着光的石头，不由得走上前来。

"这是钻石！"他惊奇地嚷道，"阿利·哈费特回来了！"

"不！阿利·哈费特还没有回来。这块石头是在后院小河里发现的。"新房主答道。

"不！您在骗我。"先知不相信，"我走进这房间，就知道这是钻石啊。别看我有些唠唠叨叨，但我还是能够认得出这是一块真正的钻石！"

于是，两人跑出房间，到那条小河边挖掘起来，接着便露出了比第1块更光泽的石头，而且以后又从这块土地上挖掘出许多钻石。在这里，曾经出产过世界上最珍贵的一块钻石。

阿利·哈费特的失败正是由于他将眼光总是投向遥远而不确定的方向，却缺乏对自身周围的观察和发现，结果丧失了近在咫尺的机遇。

所以，我们不要再报怨缺少机遇，机遇就在我们身边，我们所缺少的只是发现机遇的眼睛。许多财富就是从这些被大多数人所忽略掉的部分中获得的，那些别人毫不重视或是完全忽略的生活细节中往往蕴含着巨大的财富和成功的机会。当你在这些平凡之中找到真正的问题所在，解决了这些问题，创造出价值，那你的价值也在此得到了体现。

或许人人都希望自己是天才，希望获得成功，希望在世人瞩目的领域获得非凡的成就，但是许多时候，即使是像飞机这样的科技，像浮力原理这样的理论，也都是从平凡中被发现到的。

有一位美国缅因州的男人，因为妻子病残，不得不自己洗衣服。在此之前，他是一个十足的懒汉，而现在他才发现洗衣服是多么费时费力的活儿，于是他发明了最简单的洗衣机，赚了一大笔钱；一位妇女习惯把头发缠在脑后，让自己看起来更美一些，而她的丈夫通过在一旁的细心观察，发明了发卡并在他的工厂里大量生产，创造了一大笔财富；还有一位新泽西州的理发师，经过仔细观察，发明了专供理发用的剪刀，以致成了大富翁。

很多年前，一个乡下人走进上海一家大型商场。他是第1次来上海，商场内琳琅满目的商品令他眼花缭乱，虽然买不起，看看也算长了见识，开了眼界。在商场内闲逛时，一件商品引起了他的注意，那是一只木箱，樟木箱，不用尺子量，以木匠的眼光，一看便知是28寸。出于好奇，他叫售货员取下来看看，香樟木，箱面上刻有"龙凤呈祥"图，漆是枣红漆，问价钱，答曰："260元。"售货员还算有耐心，补充道："这种箱子是进口货，已脱销了，这只是样品。"

乡下人无心再逛商场了，那只木箱260元的"天价"使他的内心非常震撼。要知道跟随父亲学木匠10多年，制作肩担、屎桶、犁耙等农具，也替人打制过不少樟木箱。在他的家乡，樟木箱的价钱是以"寸"来计算的，1寸1元，28寸28元，而刚才那只，一经雕刻，竟能卖出10来倍的价，而且供不应求！他从中发现了一个天大的商机："我何不试试？兴许发财的机会就在眼前呢。"这么想着时，他的心抑制不住怦怦地心跳。终于，他壮了壮胆，返回商场找到那位售货员，告诉她，他是一家木器厂的厂长，他们厂也生产这种樟木箱。售货员说："你拿几只样品来看看。"

20年前，樟木箱是娶亲嫁女时女方陪嫁的必备之物，也是新婚夫妇卧室内的"三大件"之一，一般送一对，体面的送4只，即便是上海这样的大城市，婚嫁彩礼也未能免俗，故而求量颇大。乡下人回到老家，搬出家中包括为姐姐结婚备下的樟木板，请来两位老雕刻师傅，精心加工。4只精致的雕花樟木箱子制作完工，商场负责人看过样品，当即签下200只的合同。这一笔生意使乡下人率先走出了贫困，成为当时尚属凤毛麟角的"万元户"。

就这样，这个曾经以木工活糊口的乡下人，在家乡办起了第1家木雕厂，雕花樟木箱由上海而推向其他大城市，继而东渡扶桑。在日本，他还制作家家必备的佛龛木雕与遍布长岛的庙宇木雕，并在日本建立公司。当地一著名株式会社赐他一块金字匾额："东方雕刻第1家。"随着资本的积累，他不再满足于固守木雕行业，不断涉猎其他目标，房地产、乐、餐饮，等等。不到10年时间，他已成为中国改革开放跑道上第1方阵的风云人物。20世80年代末，他被评为全国劳模、全国五一劳动奖章获得者、全国优秀青年企业家、全国"十大富豪"，南京紫金山天文台以他的名字命名一颗新发现的小行星，美国《时代周刊》载文称他是"中国的艾柯卡"。

他就是江西余江果喜集团总裁张果喜。很多年过去了，回顾艰辛而辉煌的创业历程，张果喜总会想起那只改写了他的命运的木箱，那是一只"百宝箱"。那只箱子静静地摆在那里，川流不息的顾客也许都看到了，而只有张果喜的慧眼看到了那只木箱背后隐藏着的巨大商机，并且抓住机会立即行动。这就是成功者的不同凡响之处。

美国第20任总统詹姆斯·加菲尔德曾经说过这样的话："当人们发现事物的时候，事物才会出现在这个世界上。"如果没有人发现新事物，发现新问题，那即使它是客观存在的，也不会有人了解。可见，发现对于我们是多么重要。

希尔指出："机遇就在你的脚下，你脚下的岗位就是机遇出现的基地。在这萌发机遇的土壤里，每一个青年都有成才的机会。当然，机遇之路即使有千万条，但在你脚下的岗位却是必由之路、最佳之路。"机遇并非天上之月，高不可攀，机遇其实存在于平凡之中，把远大的理想同脚踏实地的工作联系起来，在平凡的工作中埋头苦干，坚持不懈，总会找到成功的机遇的。

日常的生活，充满着睿智哲学；普通的现象，包含着科学规律；平凡的工作，孕育着崇高伟大；简单的问题，反映着深刻道理。不要忽略我们身边那些平凡的东西，他们就像是沙滩中的金粒，只要我们善于发现，善于提炼，便会凝结成一座巨大的"金山"。

瓦特从水壶盖的振动中发现了蒸汽的力量，改良了蒸汽机，给人类带来一场深刻的工业革命；牛顿从树上掉下来的苹果中受到启发，发现万有引力，为经典力学做出巨大的贡献；莱特兄弟在摆弄橡皮筋飞行器和鸟类羽翼时发现了飞行的基本原理，并在此基础上建造了最早的飞机，推动了人类在蓝天中自由翱翔的梦想的实现……

在我们周围，已经有成千上万的人依靠从平凡中发现的问题，寻找到解决的方法，为人们的生活和社会的进步提供了便利，同时也挖掘到了自己巨大的财富。

所以不要对身边的事情视若无睹，立足于眼前，以你睿智的眼光主动去寻找，机遇就在你的身边。

愚蠢的人等待机遇，聪明的人创造机遇

冬日的午后，一个渔夫靠在海滩上的一块大石头上，懒洋洋地晒着太阳。

这时，从远处走来一个怪物。

"渔夫！你在做什么？"怪物问。

"我在这儿等待时机。"年轻人回答。

"等待时机？哈哈！时机是什么样子，你知道吗？"怪物问。

"不知道。不过，听说时机是个很神奇的东西，它只要来到你身边，你就会走运，或者当上了官，或者发了财，或者娶个漂亮老婆，或者……反正，美极了。"

"嗨！你连时机是什么样都不知道，还等什么时机？还是跟着我走吧，让我带着你去做几件于你有益的事吧！"怪物说着就要来拉渔夫。

"去去去！少来添乱！我才不跟你走呢！"渔夫不耐烦地说。

怪物叹息着离去。

一会儿，一位哲学家来到渔夫面前问道："你抓住它了吗？"

"抓住它？它不是一个怪物吗？"渔夫问。

"它就是时机呀！"

"天哪！我把它放走了！"渔夫后悔不迭，急忙站起身呼喊时机，希望它能返回来。

"别喊了，"哲学家说，"我告诉你关于时机的秘密吧。它是一个不可捉摸的家伙。你专心等它时，它可能迟迟不来，你不留心时，它可能就来到你面前；见不着它时，你时时想它，见着它时，你又认不出它；如果当它从你面前走过时你抓不住它，它将永不回头，使你永远错过了它。"

愚蠢者等待机遇，聪明者创造机遇。这则故事告诉我们，"守株待兔"是永远等不到机遇的垂青，有的只是与机遇一次次擦肩而过。

戴尔·卡耐基说："能把在面前行走的机会抓住的人，十次有九次都会成功；但是为自己制造机会、阻绝意外的人，却稳保成功。"

奥格·曼锹诺说："想成功，必须自己创造机会。等待那把我们送往彼岸的海浪，海浪永远不会来。愚蠢的人，坐在路边，等着有人来邀请他分享成功。"

相信很多人都听说过甘布士的故事。

有一年，因为经济危机，不少工厂和商店纷纷倒闭，被迫贱价抛售自己堆积如山的存货，价钱低到1美元可以买到100双袜子。

那时，约翰·甘布士还是一家织制厂的纺织工人。他马上把自己积蓄的钱用于收购低价货物，人们见到他这股傻劲儿，纷纷嘲笑他是个蠢材。

约翰·甘布士却依然我行我素，收购各工厂和商店抛售的货物，并租了很大的货仓来贮货。

他妻子为此十分担忧，劝他不要购入这些别人廉价抛售的东西，因为他们历年积蓄下来的钱数量有限，而且是准备用作子女抚养费的。如果此举血本无归，那么后果便不堪设想。

对于妻子忧心忡忡的劝告，甘布士笑着安慰她道：

"3个月以后，我们就可以靠这些廉价货物发大财了。"

过了10多天后，那些工厂即使贱价抛售也找不到买主了，他们便把所有存货用车运走烧掉，以此稳定市场上的物价。

他妻子看到别人已经在焚烧货物，不由得焦急万分，便抱怨起甘布士。对于妻子的抱怨，甘布士仍不置一词，只是笑着等待。

不久之后，美国政府采取了紧急行动，稳定了市场上的物价，并且大力支持那里的厂商复业。

这时，因为经济危机焚烧的货物过多，存货短缺，物价一天天飞涨。约翰·甘布士马上把自己库存的大量货物抛售出去。

这时，他妻子又劝告他暂时不忙把货物出售，因为物价还在一天一天地飞涨。

他平静地说："是抛售的时候了，再拖延一段时间，就会后悔莫及。"

果然，甘布士的存货刚刚售完，物价便跌了下来。他的妻子对他的远见钦佩不已。

甘布士用这笔赚来的钱，开设了5家百货商店，生意也十分兴隆。

后来，甘布士成了全美举足轻重的商业巨子。

美国新闻记者罗伯特·怀尔特说："任何人都能在商店里看时装，在博物馆里看历史。但具有创造性的开拓者在五金店里看历史，在飞机场上看时装。"同样一个危机，在别人眼中是灾难，但在甘布士的眼中，则是机遇。他不是在家坐以待毙，而是积极采取行动，在经济危机之中为自己创造一个天大的商机。

不要坐待机遇来临，而应主动出击，寻找潜在的机遇。善于发现、主动发现问题的人往往创造的机遇比他等到的多，成功的人胜过他人的并非是幸运，而在于他善于发现，并且致力于解决问题。

很多时候，主动出击的人往往能抢得先机，也往往是最后获得成功的那些人。期待问题自己暴露出来，然后才寻求解决之道的人，往往已经错失了最佳的机会，只能成为被机遇抛弃的失意的人。

随机应变，以变制变

社会环境的任何一次变化，都有可供发展的机遇，紧紧抓住这些机遇，好好利用这些机遇，不断随环境之变调整自己的观念，就有可能在社会竞争的舞台上开创出一片天地，站稳自己的脚跟。

环境的风云变幻，对于竞争者来说，既是危机，又是时机。改变观念，适时而进，可收到事半功倍的效果。相反，观念陈旧，漠然对待，则要付出事倍功半的代价。甚至，一味抱着老观念不放，则可能被挤出社会，在竞争中无容身之地。

社会环境变化多端，一大批新机遇产生了，便有一些旧观念和制度随之消逝，而旧观念和制度的消逝必然带来部分人定位的危机。所以，每个人在生存的过程中，必须有中途应变的准备，这是社会环境下的生存之本。

清代有这样一则故事。

一位官员在一柄精制的竹扇上题了一首唐诗送给了慈禧太后。他题的是唐代王之涣的《凉州词》："黄河远上白云间，一片孤城万仞山。羌笛何须怨杨柳，春风不度玉门关。"可是这位官员一时疏忽，竟然漏掉了一个"间"字。这下子可触怒了慈禧太后，说这位官员有欺君之罪，"我是堂堂太后，难道还不知道这首唐诗吗？你分明是戏弄于我"。

这位官员急中生智，急忙说："启奏老佛爷，我所题的并非是一首唐诗，而是一首词。词云：'黄河远上，白云一片，孤城万仞山。羌笛何须怨，杨柳春风，不度玉门关。"慈禧一听，觉得很有道理，非常高兴，便重重地赏了这位官员。

这位官员的生死，决定在慈禧太后的一喜一怒间，幸亏这位官员机智，能随机应变，才保住自己的性命。

在生活中，应变方法不少，其中随机应变是诀窍。

随着情况、形势的变化，掌握时机、灵活应付，这就是随机应变。

作为一种能力，一种应付各种场合、情况和变化的能力，这是人们最经常使用的方法之一，同样，它的目的也是为了保护自己，免遭羞辱或灾难。正因为随"机"应变，所以随时可能用得着，很难预先计划。

随机应变要求有反应灵敏的头脑，要求对外界发生的一切及时做出适当的反应。当你面对突发的事件，意想不到的提问，别人布置的陷阱，令人难堪的境地……出乎意料的情况，你能够快速灵敏不露声色地做出正确的反应，逃避、掩饰或蒙混过去吗？这是大智大勇，也是小计细谋。对于谋求成功的人来说，面前有多少意料不到的灾难啊！如不能够随机应变，如不能够沉着、冷静、迅速地处理各种突发的变故，怎么能够登上成功之巅呢？

运用随机应变的优势，其一在于保持创造机遇的主动地位；其二，把被动应付环境变化变为主动制造有利环境。而其最终目的是使自己永远处于主动地位，驾驭事态发展，以实现既定目标。

在18世纪，英国有一个很有名的小丑演员，趁着假期到利物浦玩，在假期快结束时，他忽然接到家里由伦敦发来的急电："家有要事，请即刻返回。"

他准备买车票马上回去，却忽然发现口袋里的钱付了旅馆费用之后，就不够买车票回伦敦了。

"怎么办呢？在这里没有朋友，又没有人认识我，谁会借钱给我呢？"他愁眉苦脸地思索。

"如果请人由伦敦寄钱来再回去，这样做根本赶不急。"喜剧演员心里急得不得了，以往脸上总是挂着的开心模样，现在换上了满面愁容。

"怎么办呢？"他躺在旅馆的床上左思右想一夜没睡。第2天，他走到旅馆大厅，用充满了喜剧感的动作和旅馆人员打招呼，并且说："我马上就回来！"

走出旅馆，他掏出身上仅有的一点钱，买了两盒廉价点心，又寄了一封信回伦敦。他在纸上写了几个字贴在点心盒上之后，就拎着两盒点心回了旅馆。

回到旅馆之后，他故意让工作人员看到两盒点心上写的字。服务员看到这些字之后大吃一惊，趁着他不注意便给当地警察打了电话。

过了一会儿，一辆警车疾驶而来，冲进旅馆将他逮捕了。按规定，所有嫌疑犯都必须马上被解送到伦敦去，小丑就这样被押回了伦敦。

到底点心盒上贴的是什么字呢？

一盒贴着："给皇帝的毒药"；另外一盒贴着"给王子的毒药"。

到了伦敦之后，时常为皇帝演出的小丑很快地被释放了。

因为那封信是寄给皇帝的。当皇帝看过他寄来说明这件事情来龙去脉的信之后，不但没有生气，反而因为这巧妙的情节哈哈大笑，对他的机智聪明颇为赞赏！

随机应变是一种智慧的表现，就像那个小丑一样。环境的改变可能会让我们陷入困境。但不同的环境，往往会出现不同的机遇，只看你怎样对待。

一个人、一个团体乃至一个社会、一个国家总是处于一个具体的、复杂的、多变的环境之中，面临众多的机遇和挑战。如何在激烈的竞争中立于不败之地，随机应变是一个必不可少的因素。对于个人而言，随机应变是一个人智慧的象征。古书称："随机应变，则易为克殄。"意思是说，跟随时机调整策略就容易战胜对方。

随机应变就个人而言具有极其重要的意义，它能使被动转化为主动，不利转化为有利，从而获得出奇制胜、化险为夷的效果。

环境在变，时势在变，事态在变，生活在变，人类每一个个体也都在变。世界上的万事万物都是在不断发展变化的。要适应环境、时势的更迭，应付事态、生活的变化，就得学会随机应变。荀子曾说："举措应变而不穷。"能够随着时势、事态的变化而从容应变，是一个人抓住机遇、建功立业不可或缺的本领。

宋人罗大经《鹤林玉露》（卷十二）中云："大凡临事无大小，皆贵乎智。智者何？随机应变，足以弥患济事者是也。"从一定意义上说，智者就在于随机应变，借以弭患济事。然而，智者不是天生的。因而学习应变之术，掌握应变之道，就显得尤为重要。

随机应变要求我们要审时度势，深谋远虑，这就应该做到以下几点：

（1）对环境变化的各种因素有客观地分析了解。

（2）对各种由因素的变化发展而带来的形势发展变化要做出正确的预测分析。

（3）在分析的基础上找到突破束缚的机会。

面对时机的变化，机遇也在变化，这就需要我们灵活变通，山不转水转。

俗话道：识时务者为俊杰。何谓识时务？就是能够认清客观形势或时代潮流，能够根据客观形势或时代潮流化，因时制宜，顺势而动。无论古今中外，只有识时务的人才能找到机遇，成为时代的俊杰。

危机有时就是转机

如台风带来海啸一般，机遇常与风险并肩而来。

一些人看见风险便退避三舍，再好的机遇在他们眼中都失去了魅力。这种人往往在机会来临之日踟蹰不前，瞻前顾后，最终什么事也干不成。

任何机会都有一定的风险性，如果因为怕风险就连机会也不要了，这样的人无异于因噎废食、胆小怕事的懦夫。

大凡成大事的人，无不慧眼辨机，他们在机遇中看到风险，更在风险中逮住机遇。

对于他们来说，危机其实就是机遇。戴高乐曾经说过："困难，特别吸引坚强的人。因为他只有在拥抱困难时，才会真正认识自己。"为什么你仍然没有改变？没有受到机遇的垂青？你问过自己吗？面对危机时，你自己努力过吗？对于你所遭遇的困难，你愿意努力去尝试，而且不止一次地尝试吗？只试一次是绝对不够的，需要多次尝试。那样你才会发现自己心中蕴藏着巨大能量。许多人之所以失败只是因为未能竭尽所能去尝试，而这些努力正是成功的必备条件。

在汉语里，"危机"这个词是由两个字组成的，"危"的意思是"危险"，"机"字则可以理解为"机遇"。通常，胆小懦弱的人习惯性地只看到"危险"，而看不到"机遇"；那些胆大心细、敢于冒险的人却能拨开危险的迷雾抓住机遇，而抓住机遇离成功也就不远了。

南宋绍兴十年七月，城中的一条繁华商业街不幸失火，数以万计的房屋商铺被大火吞没，顷刻间化为灰烬。一位裴姓富商，苦心经营了大半生的几间当铺和珠宝店也被大火包围，眼看大半辈子的心血即将毁于一旦，他却没有让伙计和奴仆冲进火海帮他抢救珠宝财物，而是不慌不忙地指挥大家撤离，一副听天由命的样子，令人十分不解。

火灾之后，裴先生不动声色地派人从外地大量收购木材、毛竹、砖瓦、石灰等建筑材料。不久，朝廷下令重建杭州城，因建筑材料短缺，凡经营销售建筑材料者一律免税。杭州城里一时大兴土木，建筑材料供不应求，价格陡涨，裴先生也因此大赚一笔，甚至赚得比被火灾焚毁的财产还多。原本是一场可能导致破产的大火灾，却变成了积累财富的契机。

看来，一念之间，危机便可成为转机。同样，在外国也发生过类似的故事。

1975年春，美国一家肉食加工厂的老板读到了一则短讯：

"墨西哥将流行瘟疫。"

这位老板由此立刻推测，如果墨西哥有瘟疫，必定从加利福尼亚和德克萨斯两州传入美国，而这两州又是美国肉食供应的主要基地。这两地一旦瘟疫盛行，那么美国肉类的供应必定紧张。

他觉得这将是一个绝好的发财机会，于是，他倾囊购买了得克萨斯州和加利福尼亚的生猪和牛肉，并及时运往美国东部。

不出所料，不久之后从墨西哥传来的瘟疫迅速蔓延到美国西部的几个州。美国政府立即严禁这些州的食品外运，于是美国全境一时肉类价格暴涨，肉类奇缺。

这位老板立即抛售自己所积存的肉食，数月内净赚了900万美元，一场危机便这样成为他发财的绝好机遇。

危机就像一个洪水猛兽，人人避而远之，但是危机和成功就像是孪生兄弟，想成功就避不开危机。危机可能来自于个人的生理、心理，也可能是来自于外界因素。但无论哪一种，只要你拿出勇气，充满信心积极想办法都能克服。塞翁失马，焉知非福。危机中常常蕴含着转机，关键看你能不能做到。

在日常生活中多一些勇气，多一些坚持，多一些尝试，特别是要学会在困难的时刻如何坚持下去，这对于成功是很重要的。在处理危机和问题的时候，一定要坚持，才能把握成功的机会。只要积极去尝试，就一定可以找出摆脱困境的办法。

无论遇到什么古怪的人或者市场多么恶劣等意外，这时，放弃、埋怨甚至哭泣都毫无意义，只有咬紧牙关继续战斗才能赢得转机。就像橡皮圈一样，要具有弹性，能适应各种环境的变化，这是危机化为转机的一个重要方面。

化危机为转机，不仅需要方法，还需要坚定的信念，而坚定的信念来自于强烈的自信心、过人的勇气和胆识。没有哪家保险公司能为你的事业成功提供保险，更没有谁能为你家庭的幸福提供保障。大多数情况下，你都会处在一个摸着石头过河的境况中，危机难以避免。但只要你拥有化危机为转机的方法和信念，你就会有惊无险，甚至会有意外之喜。

　　化危机为转机必须具备勇敢的冒险精神。在平时，敢想敢干、坚持不懈对于处理生活中遇到的问题能够起到巨大的作用。在发生危机的时候，采取勇敢的态度不但有助于解决面临的问题，而且危机所带来的压力常常能最大限度地刺激一个人的潜能，使他做出在平常状态下做不到的事情，从而开创出新的局面。

　　危机化为转机，其实就是一种创新。那些转化危机的成功者，他们敢于打破传统的观念，尝试新的想法，创造新的办法。

　　而无论在生活中还是工作中，机会只偏爱那些有准备的头脑，这样的人才会懂得如何经营自己的命运，才会比别人收获得更多。在危机面前，他们也就能够从容镇定，"谈笑间，樯橹灰飞烟灭"，化危机为转机。

　　生活就是这样，机遇对每个人都是公正的，与其说他青睐那些有头脑的人，不如说有头脑的人善于抓住机遇，他们看到了藏在危机面具之下的机遇之神，用自己的智慧与勇敢抓住了"危险"的机遇。

第 六 章

和谐发展，找到勤奋的平衡支点

第十七节
健康是
勤奋的基础

身体是最不可透支的资本

过去我们常常说"身体是革命的本钱"，没有健康的身体，万事皆空。健康是幸福生活的基石，也是你展翅高飞的依托，它的重要性无可比拟，也无可替代。

一位哲人遇见一个乞丐，乞丐唉声叹气，满脸愁云惨雾。"年轻人，你为什么这样闷闷不乐呢？"哲人关心地问。

乞丐看了一眼哲人，叹了口气："我是一个名副其实的穷光蛋。我没有房子，没有老婆，更没有孩子；我也没有工作，没有收入，整天饥一顿饱一顿地度日。像我这一无所有的人，怎么能高兴得起来呢？"

"傻孩子，"哲人笑道，"其实你不该如此灰心丧气，你还是很富有的！"

"为什么？"乞丐不解地问。

"因为，你其实是一个亿万富翁呢。"哲人有点神秘地说。

"亿万富翁？大师，您别拿我这穷光蛋寻开心了。"乞丐不高兴了，转身就走。

"我怎么会拿你寻开心呢？现在，你回答我几个问题。"

"什么问题？"乞丐有点好奇。

"假如，我用 2000 万元买走你的健康，你愿意吗？"

"不愿意。"乞丐摇摇头。

"假如，现在我再出 2000 万，买走你的青春，让你从此变成一个小老头儿，你愿意么？"

"当然不愿意！"乞丐干脆地回答。

"假如，我再出 2000 万元，买走你的面貌，让你从此变成一个丑八怪，你可愿意么？"

"不愿意！当然不愿意！"乞丐把头摇得像个拨浪鼓。

"假如，我再出 2000 万，买走你的智慧，让你从此浑浑噩噩，度过一生，你可愿意？"

"傻瓜才愿意！"乞丐一扭头，想走开。

"别急，请回答我的最后一个问题，假如我再出 2000 万，让你去杀人放火，让你失去良知，你愿意吗？"

"天哪！干这种缺德事，魔鬼才愿意！"乞丐愤愤道。

"好了，刚才我已经开价 1 亿元了，仍然买不走你身上的任何东西，你说，你不是亿万富翁，又是什么？"哲人微笑着问。

乞丐恍然大悟，他笑着谢过哲人的指点，向远方走去。

只要活着，拥有健康，我们就是一个亿万富翁。没有了生命，一切都是枉然。无论是为一日三餐奔波的平民百姓，还是星光耀眼的成功人士，健康都是其幸福生活的基本保证。最基础的往往是最容易被忽视的，很多时候我们都漠视健康，直至失去之后，才亡羊补牢，但却悔之晚矣！

爱默生曾说过："健康是人生第 1 财富。"拥有健康的人，才拥有希望；拥有希望的人，才能拥有一切。健康是你最重要的本钱，是你幸福生活的基石。英国前首相布莱尔的工作十分繁忙，但布莱尔始终热爱运动。运动不仅让他拥有健康的身体，也让他尽享生活的乐趣。因此，不要以"忙"为借口而忽视健康。关键不在于你从事何种工作，而在于你对待健康的态度。

现在很多人都是"年轻时用身体赚钱，年老时用钱买身体"。用身体的健康去赚钱值不值？用钱能不能买回健康的身体？

没错，离了钱人将寸步难行，但如果你的眼里只有钱，那你就是十足的金钱奴隶；如果你拿自己的身体去换钱，那你就是百分百的傻瓜。你用尽了力气去赚钱，到头来却没有力气去花钱，你岂不是白忙活了一场？金钱不是万能的，健康和生命是用金钱永远也买不到的。健康好比一个定额的账户，透支只会让你的身体变得千疮百孔，任何灵丹妙药都不能让其复原。先进的医疗技术只能减少你的疼痛、延长你的寿命，却无论如何也不能还你一个健康的身体。

我们不能坐井观天，目光短浅，以健康为代价换取金钱，而应当站得高、看得远。只有保持健康的身体，才有资本去实现更高的理想。

带病工作是一种自残

古时候，有一个守财奴犯了罪，被带到县衙审问。县官为了证明自己是个清官，提出 3 种惩罚的方式让守财奴选择：第 1 种是罚 100 两银子，第 2 种是抽 100 皮鞭，第 3 种是生吃 10 斤辣椒。守财奴既怕花钱又怕挨打，就选择了第 3 种。

在人们的围观下，守财奴开始吃辣椒，"吃辣椒倒不是什么难事，这是最轻的惩罚。"当吃了第 1 颗辣椒时，守财奴这样想。可越往下吃越感到难受，吃完 500 克辣椒的时候，他感到自己的五脏六腑都在翻腾，像被烈火炙烤一样，他流着泪喊道："我要放弃辣椒的惩罚，我宁愿挨 100 皮鞭！"

执法的衙役剥去守财奴的衣服，把他按到一条板凳上，当着面把皮鞭蘸上了盐水和辣椒粉，守财奴看得胆战心惊，吓得浑身发抖。当皮鞭落在财主的背上时，守财奴像杀猪一般地嚎叫起来，打到第 10 下的时候，守财奴痛得屁滚尿流，终于忍不住叫道："青天大老爷啊，可怜可怜我吧，别再打我了，还是罚我 100 两银子吧。"

　　这个故事看似与题目毫无关联，但若仔细想想，那些坚持带病工作的人很大程度上与守财奴相似。带病工作，往往是想把工作做得更好、更出色，但碍于病体，工作质量往往不高，而且还会使病情加重，最后工作只能被迫中断，花更多的钱与时间用于治病。这不正契合了守财奴为了省100两银子而选择吃辣椒，挨皮鞭，最后所有苦都受了，100两银子也没省下的可笑故事？带病工作，健康与工作两都误，这其实是种自残。

　　带病坚持工作曾经是我们大力宣扬的一种美德，尤其突出的现象是，某公仆往往在累死、病死、甚至于枉死工作岗位后，组织、上级领导、媒体舆论才发现其价值，举办隆重的追悼会、事迹报告会、先进宣讲团，台上讲的人声泪俱下，底下听的人泪湿衣衫……轰轰烈烈地火过一把后，留下的又是什么呢？

　　其实，带病工作并不值得我们提倡。

　　从医学的角度看，带病坚持工作是一种有悖于健康的不明智行为。对其不在乎甚至还要"高觉悟"地坚持工作，结果就是：不仅容易将小病拖成大病，给自身健康带来危害甚至是无法挽回的危害，而且还会给企业及家庭增加负担，甚至拖累企业和家庭。

　　带病坚持工作的人，注意力很难集中，行动也变得迟缓。这不仅会使工作质量大打折扣，而且极易造成事故，给社会带来损失，给他人带来危害，有人说，"带病上岗"是安全隐患。众所周知，机器设备在出现故障时，必须停止工作，立即维修，否则就会出事，甚至会出大事。但为何还要忽视人带病工作的现象，甚至还把此视为一种精神让大家学习仿效呢？很多工作岗位，如负责生产安全、机械操作等方面，一个人的肩上往往担负着整个工作流程的调度甚至很多人的生命安全。如果他们带病坚持工作，一旦发生意外，后果不堪设想。

　　每个时代，都有值得提倡的社会精神。在枪林弹雨的战争时期，这种"轻伤不下火线"的精神确实有其存在的价值，而在以人为本、构建和谐社会的今天，这种精神已经过时了。　平时与战时不同，平时应当争取做到轻伤就下火线，保证身体健康。因为治病休养而请假，表面上看起来是耽误了工作，可这是为了"养精蓄锐"。将身体养得棒棒的，才能促进工作，提高效率。俗话说"身体是革命的本钱"。本钱没了，那就什么都无从谈起了。

有则新闻报道，某医院出台一项新举措：为了职工的身体健康，也为了病人负责，不再提倡职工带病坚持工作。这件事看似很小却是一种人本位思想的体现。

人本位思想是以人为本，把关心人、造福人作为基本着力点。而带病坚持工作，以牺牲健康为代价，这与以人为本相悖。健康是人生的第1财富，没有健康，一切都无从谈起。我们在媒体上经常会看到先进人物、知识分子英年早逝的消息，这实在让人痛心。焦裕禄、孔繁森、牛玉儒等，这些优秀人才因为长期超负荷带病工作，积劳成疾，过早离开人世，这对于他们的家庭，对于社会和国家都是极大的损失。

往者不可谏，来者犹可追，这么多惨痛的教训摆在我们面前，所以我们更应当放弃"带病工作"的陈旧观念。只有充分地休息，才能更好地工作。

放弃休息来加班，健康工作全都误

很多人为了追求事业的成功，舍不得停下脚步放松自己。在他们看来，放松是对工作的不负责任和对时间的严重浪费。放弃休息时间来加班对他们来说已经成为一种家常便饭。即使已经精疲力竭、油尽灯枯，他们依然不愿停止。

有一位教授带领一群博士研究某一科研课题。其中有一个博士非常刻苦用功，经常挑灯夜战。不料研究进行到一个很重要的阶段时，他居然生了一场大病。尽管非常艰难，他还是坚持追随教授继续上课。在他看来，人生有限，学海无涯，绝不能浪费任何时间。教授劝他说："其实，事业不一定就在前面啊，说不定它就在你的身后。放松身心，随着自然的节拍，也能得到事业的成功。"

为了事业，我们总是一味地往前冲，不知道停下来休息片刻，认为那是在浪费生命。其实，如果你不懂得享受生活，那你才是真正在浪费生命。

大连市西岗区委、区政府决定：从 2002 年起，机关干部凡按规定休假的将给予奖励，而该休假不休却硬撑着上班的则不予鼓励。这在竞争日益激烈，加班已经普遍的社会中，无异于标新立异，带来以人为本的关怀风尚。

庄子说："形劳而不休则弊，精用而不已则劳。"身体要是不停地使用就会疲劳，长期疲劳而不休息就会得病。

我国著名教育家陶行知先生就十分强调休息的意义，并谆谆告诫我们说："适当的休息是健身的主要秘诀之一，万不可忽略。忽略健康的人，就是等于在与自己的生命开玩笑。"著名京剧艺术家梅兰芳先生主张"两个坚持"："我们在坚持工作之外，还必须坚持休息的习惯。"他把工作和休息看得同等重要。在工作压力越来越大的今天，我们越要注意休息，张弛有度，才是正确的工作之法。大连市西岗区政府的一纸"健康令"因此受人称道。

对人来说，休息睡眠是十分重要的。但很多人却为了工作，侵占自己的睡眠时间。可能有人会说，自己的身体很好，能熬夜，完全没有影响。这种做法从短期内可能看不出有多坏的影响，但长此以往，会将你的身体完全压垮。

为什么睡眠会如此重要？如果把人生比做一次旅途，那么，睡眠则是旅途中必不可少的驿站。睡眠虽占用了时间，却赢得了精力，保证了第 2 天的学习和工作效率。

还有，人类自身的生理机制要求人每天必须有充足的睡眠时间，睡眠不足，将导致身体与精神的紊乱。对此，时间管理专家发明了一个专有名词：睡眠账单。正如欠钱要还一样，缺少睡眠也必须归还。一般一个人每天需要睡 8 小时，随年龄而异，在此基础上有所增减。如果一个人每天少睡 1 个小时，那他就带着 1 个小时的睡眠欠账单进入第 2 天，他的工作精力就会削弱。

疲劳得不到消除，长期工作紧张，超负荷作业会导致人产生过劳。过劳往往是疾病的前奏，也是亚健康的一种表现。据统计，日本每年有 1 万职工因过劳猝死。经过调查发现，在过劳的患者中约有 1/6 易发生心血管系统疾病，其余的人则会表现为操劳过度综合征，即精神上经常处于紧张状态，并感到工作上有沉重的压力，长期持续下去会导致食欲不振、便秘、神经过敏，有的伴有心脏功能异常、消化功能减弱、失眠等症状。所以我们不要侵占休息时间来加班，否则健康工作两都误。

要懂得拿得起放得下的道理。既然要休息，就该放下一切，让身心都松弛下来。如此，才是真正的放松。

很多人会抱怨，整天忙都忙死了，哪有空闲去放松？真的就没有时间去放松吗？其实只是因为他们的思想放不开，认为一旦停下来休息，工作便会完不成，结果把自己变成了工作狂。工作的时候就努力工作，休息的时候就无牵无挂地放松。保证自己有足够的休息时间，不要无限地延长工作时间而让自己变成一台工作的机器，这样才能有效保障你的身体健康和工作效率。

勤奋需要健康来护航

多病的身体不但剥夺一个人的光阴，也使他失去勇气。财富并不能买回健康，但是健康的人却能取得财富。

当下，很多人都在狂热地追求成功，于是就去针对已有成就的人，找出他们的优点来作为借鉴。但是，龙生九子，各有不同，很难找出什么优点是成功的要素。有成就的人，有的是高个子，有的是矮胖子；有的大学毕业，有的只念过中学而已；有的来自偏僻的农村，有的来自大都市；有的属于天才型，有的属勤能补拙型。事实是，每一个人都有他们各自不同的风格、不同的背景，没有两个人是从同一环境中出来的。但是他们也有共同的特点，那就是他们都是精力过人的人。假如你问什么是成功者的推动力？答案是——精力。当然你也可能找出成功但精力不足的人，但最多不过只占其中的1/20、1/30……而已。

为了追求成功，很多人成了工作狂。他们总是强迫自己无休止地工作，他们对工作沉迷上瘾，就像酒鬼对酒精沉迷上瘾一样。他们拒绝休假，公文包里塞满了要办的公文。如果让他们停下来休息片刻，他们也会认为纯粹是浪费时间。

这种工作狂把全部精力都用在工作上，不敢浪费1分钟，力图把自己的时间和空间填得满满的，整日忙来忙去，似乎永远都有忙不完的工作。即使在没有工作的时候，他也会去找些毫无价值的事情做，甚至梦里也还在工作，工作……

为了工作，他们舍弃了很多，快乐、家庭、健康……这些值得吗？他们又是否真的成功了？

在现在这个竞争激烈的社会中，每个人的工作压力都很大，加班对于很多人已经成为家常便饭，甚至偶尔还需要通宵达旦来完成工作。这时候，第2天是否能毫不疲倦地与平时一样准时上班呢？在这种情况之下，如果没有充沛的体力，实在很难胜任工作。

玩过围棋的人都知道，围棋不仅是一项脑力活动，还需要有足够的体力、充沛的精力才得以胜任。尤其是比赛经常持续两天以上，如果体力不足，头脑就无法保持清醒，那样很容易会因此而下错棋子。

日常的工作和下棋一样，如果身体状况良好，智慧很自然就会浮现，工作当然也会进展顺利。身体不好时，想法和观点都容易流于消极，无法与人快乐地相处，工作也无法顺利进展。体力也是实力之一，因此，若想追求成功，必须有健康来护航，必须注意身体保健，尽量避免生病。

赫胥黎曾经说过这样一段话："……非常明显，生命如下棋，我们所有人的幸福要靠我们了解生命的原理而获得。但这原理要比棋局的原理更复杂、更困难。棋盘是世界，棋子是宇宙现象，棋局就是我所谓之自然界原理者。下棋的人并不晓得对方的棋如何走。我们虽然知道对方是公正的、公平的，但是也知道他从来不会漏过你一个错误，或者放过你一个轻微的疏忽。如果你是强手，胜了，你感到欢欣；你是弱手，就会被将死。虽然结局不一定很快来临，但是并没有例外……"棋如人生，在我们的人生棋盘中，我们必须时时刻刻警惕，兢兢业业工作，而这需要我们有足够的精力和体力来保障。

人不是铁铸的，精力有限，超过了限量，身体各方面功能便受到挑战和压迫。长期如此，便"积劳成疾"。就是机器都还有个停机保养的时间，何况人呢？

中国人素以勤劳著称。勤劳当然好，只是到了现代社会，一切都复杂起来了，也更讲究效果，这不单单是"勤劳"二字就可以应付的。勤劳往往未必能取得最佳的效果，有的人偷懒几次也未必会有不好的效果。若一天到晚死命地工作，往往养成事务主义，麻木地做，而忘了工作以外的价值。

须知"勤奋诚可贵，健康价更高"，我们不要为了追求事业而忘我勤奋，以致牺牲了健康这个保障。

健康是个人成功的基石，也是国家进步的基石。1877年英国政治家狄士累利在他那篇令人怀念的演说中说："人民的健康是国家所依赖的基石。一个国家拥有很多能力强而有进取心的人民，那才会有杰出的企业家，才有突破产量的农业生产，艺术才会得到发扬，好的建筑、寺庙、皇宫才会布满这个国家，并且也才会拥有足够的物资力量去保卫这些美好的事物，因为你会拥有精锐的军队与舰队。如果这个国家的人都静守不动，国家的力量会逐渐消失，国家的前途就注定是黑暗的。人民的健康也应是政治家的第1等责任。"

生命竞赛较之球赛，事情大得多了。如果你保持健康与热力，则生命竞赛的教练会在胜利的前一刻选你上场；若你健康不佳，教练会把你叫下来，让比你行的人替你上阵。

人生短促，不过百年，与浩瀚宇宙相比，犹如转瞬即逝的流星。

要想在这短暂的岁月中做出不凡的成绩，放射出耀眼的光辉，唯一的办法就是提高时间效率，增加生命的内涵。

第十八节

平衡身心，
享受勤奋工作的快乐

压力有损健康，也降低工作效率

随着经济的发展，社会竞争的日益加剧，人们的生活节奏也越来越快，忙碌几乎成为现代人的全部生活。朝九晚五的白领们，一年四季，一个格子间，一个显示器，一大堆文件，总有做不完的事情。由于工作紧张，人际关系淡漠等因素的影响，人们的身心压力越来越大。

忙碌，让人们的压力无处发泄，越积越多，人们在精神上的压力也在逐步升级。有人说："压力太大了，竞争太激烈了，工作太紧张了，真有一种喘不过气来的感觉。"这是当今社会的真实写照。如果人的情绪长期处于高压状态而得不到缓解的话，就会引起一系列的问题，这对身心十分有害。

那么，我们应怎样看待压力呢？

压力是人们精神活动的一种现象，一种因某种强大作用力所引起的、高度调动人体内部潜力以对付压力而出现的一种生理和心理上的应急变化。每个人在他的人生道路上都会遇到这种情况。一般来说，在关键时刻，适度的压力不但不是坏事，而且还是必需的。它可以使我们的思想高度集中，充分动员全身的一切力量，产生一种增力作用，从而发挥自己的最佳水准。

如果我们能及时调整自己的身心，压力就不会对我们造成大的危害，但若不能自我调节，导致压力的持续累积，则会成为人身心的一大包袱。有人把过度的压力称之为体内的"定时炸弹"。因为持续的紧张会使人体内的茶酚胺分泌增加，使心搏有力，心跳加快，血压升高，心肌代谢所需的耗氧量增加。这种变化将会引起心律失常，是诱发心脏病的因素。因此，过度的压力，对人体是十分有害的。

若是压力不能及时得以排除，长期积聚，无形的压力便会在人的生理和心理方面引起诸多不良反应，如心情压抑、焦虑、兴趣丧失、精力不足、悲观失望、自我评价过低等，形成所谓的"亚健康"状态。

"亚健康"是一种介于疾病和健康之间的灰色身心状态，它是一种腐蚀人们身心健康的慢性杀手，轻微则造成工作效率低下、创造力下降，严重则将导致可怕的身心崩溃。

以下列举几项引起压力的主要原因：

1. 竞争激烈

尤其是大城市中，竞争无处不在、无孔不入，要不被淘汰，就必须努力争先。

2. 人际关系错综复杂

由于社会中利益关系的错综复杂，虽然每个人似乎都认识很多人，但真正可以交流谈心的人却少之又少，很多人时刻都处于"备战"状态中。

3. 理想与现实之间的差距

升职压力、换岗压力，这些也常常困扰着职场人士。很多人对自己的自我期待是比较高的，当现实无法满足自己的要求时，就会产生沮丧情绪，如果得不到合理的排解，积压越久对身体越有害。

4. 收入和支出之间的不平衡

虽然一般现代人不愁吃不愁穿，但供楼供车还是要颇费心思，而且这是一种长期性的经济压力。

因为压力，许多人饱尝着"壮志未酬"的痛苦。经常保持身心健康，是事业成功的保障，是保障工作效率的重要前提。

在一项民意测验中也指出，有43种事情会成为压力的来源，其中包括：贫困、失业、失恋、离异、丧偶、疾病等，而它又主要来自于事业和感情生活两方面，尤其表现在前者。由于中青年人是社会的中流砥柱，是社会财富的直接创造者，他们就可能面对更多的压力。

由上可以得出，压力对身心健康有极大的伤害，若不能及时排解压力，它会给我们的工作和生活带来极大的危害。

张弛有度，工作生活全把握

很多人的观念，都被勤奋工作这一伦理所束缚，认为勤奋工作就必须拒绝轻松快乐。这种工作的道德观，看似合理，其实不然。因为我们的工作永无截止的一天，如果要等工作完成之后才去娱乐，就永远不可能有机会了。而且在工作中过于紧张，往往会使工作效率降低。我们应事先计划好，预定要完成的工作或者工作的一个段落，然后对自己说："我一完成这一个进度，就要做一两个小时的游戏，好好娱乐一番，以恢复精力。"等到工作进度一完成，你就可去休闲活动。把游戏和工作混合起来，有下列的好处。

(1) 可使事情做得更快更好，而且工作时会心情愉快，因为你有了可期望的娱乐等待着你。

(2) 你可以尽情地享受游戏，而不会产生罪恶感。因为这是完成工作的报酬，也是你争取来的。把工作和游戏合并，将使生活更具创意，也更快乐！

帕金森定理说，工作将随着预定的时间伸缩。如果你有4件工作要做，但却没有定下时间限制，你可能要花一整天才能做好。相反，如果你限定在 6 小时内完成，往往可在这段时间内，完成全部或大部分的工作。这样一来，你不仅可以剩下 4 个小时的休闲时间，而且也可以在 6 小时内完成你所要做的工作。

那些整天扑在工作上，不知休闲的工作狂很少能想出有创意的点子，这是因为他们深陷于一种强制的常规泥潭，专注于无关紧要的细节。这些人不仅失去了眼光，还剥夺了大脑的休息，从而剥夺了大脑表现宇宙魔术的机会。天才则是在一张一弛中"偷懒"而得到了上帝赐予的灵感。

千万不要掉到这个陷阱里去。从你紧张的事务中脱身出来，把工作抛在身后，给自己放一天假，哪怕是 1 小时，20 分钟，不论多长。总之，忘记所有的工作。

很多名人都懂得张弛有度，工作效率才会高的道理。爱因斯坦喜欢拉小提琴来放松；努特·诺克内则喜欢看滑稽戏，事实上，他为自己的橄榄球队设计的精彩的"四骑兵后场移位"不是来自橄榄球训练场，而是他看戏时从一段合唱中得到的灵感。假如某个念头让你感到困惑，你应从中抽身出来，尝试另外的东西，你的思维也就会变得更清晰，从而重新开始。

美国作曲家伦巴德·伯恩斯坦说："大多时候，我都是躺在床上或沙发上作曲。我认为几乎所有作曲家的大多数作品都是躺着做出来的。很多时候我太太走进我的工作室，都会发现我正躺在地上。我太太会说：'噢，我以为你在工作呢，对不起！'我的确是在工作。只不过我要是不说的话，你是不会知道的。"

人类有史以来最伟大的音乐天才之一约翰尼斯·勃拉姆斯曾经因为作曲的压力而放弃音乐，并且也斩钉截铁地向所有的朋友发誓，他再也不会写出一个音乐符号。

为了过一种休闲而自在的生活，勃拉姆斯隐居到乡下，在那里他享受着轻松漫长的散步和无忧无虑的生活。然而有趣的事情发生了，他的音乐灵感自此有如泉涌，挡都挡不住。当有朋友问他时，他不好意思地解释说："我想到不用再写音乐时是如此高兴，以至于音乐反而毫不费力地不请自来。"

生活的步伐越来越快，行色匆匆的人流各有各的目标，不舍昼夜、风雨兼程，此情此景，怎一个"忙"字了得。

"近来忙吗？""忙，真忙，忙得一塌糊涂。"这是我们在碰到朋友和熟人时经常发生的一段对话。能不忙吗？有做不完的事啊。一般说来，忙，就是为了赚钱，赚钱则是为了满足自己赚钱的欲望。人类的需求永无止境，要满足这不断升级、永无止境的需求，永远的忙碌就是无可奈何的事情了。

但是从人类的发展历史来看，工作的本意并非为了忙碌。现代人发明了种种科学的工具不就是为了"偷懒"吗？然而事与愿违，不仅懒不得，倒更忙了。当年英国发明了蒸汽机，原意是为提高劳动生产率，节省劳动力，但随之而起的流水作业线并没有使工人的休闲时间增加，反而使人成了机器上的齿轮和螺丝钉，与机器一起高速运转。现代科学代表作之一的电子革命，精简了劳动力，节省了时间，但是当地球变成一个村落时，人们反而更忙了，反而失去了传统农业带给人们的浪漫和悠闲，这不能不说是一个很大的讽刺。人类的生活节奏不断加速，到了分秒必争的地步。很多人都错把急躁形成的激素当作活力，错把可为可不为甚至不可为的事当作重要事情。在忙碌中，人们渐渐将自己的健康和快乐抛离。

曾几何时，事事讲究速度、快速等于进步的观点开始受到质疑，被视为一种现代误导。衡量社会进步与否，光有忙碌和速度不行，在众多的客观指标中，一个重要指标不该忽视，这就是休闲。一位智者说过："人类高一层次的时间体验，就是休闲。"要充分享受你的宝贵时间，一定要放慢生活的脚步。

在自然界的事物中，我们都不自觉地遵循着张弛有度法则，比如俗语所说"弓拉得太紧易断"；比如为让草原能长出更好的牧草，我们会让某些牧场停止放牧一段时间，让土地得以休息，让草原得以生长。我们不要忘记的是，人也是自然界的一个物种，因而也不能违背自然法则。

有一个概念叫作"人的可持续发展"，一个人持续发展的资源至少包括工作（学习）的承受力、身体的健康力和人的求知欲、自主性、自尊以及自信、人际交往的能力等几个方面，要使这些资源得以储备和保护，就要既具有良好的工作能力，又具有很好的休养身心的调适能力。不会休息的人不会工作，懂得休息才能更好地工作。

世界上的永动机是不存在的。作为一个有生命的物种来说，人的休息和工作同等重要，懂得休息才会有完整的人生。

1. 日常零碎休息时间

除了工作时间和睡眠时间之外，剩下的时间均可休息。工作之外放松自我，就可以得到更加充沛的精力。应学会利用零碎时间，抓紧休息，以简单活动为主，做一些具有"省时、省费、省心"的休闲活动。

2. 节假日休闲时间

节假日时间是整块的，可以做出较多内容的休闲安排及参加一些较大的节假活动，如和家人逛街购物、观看演出、文体商赛事；游公园；参加健身俱乐部会员活动；参加社会公益活动；郊游等。

3. 休假时间

休假时间是更为集中的休闲时光，应该有具体的休假计划安排，可做如探亲、访友、旅游等需要较长时间的活动安排，这些活动都应安排在不超出假期时间为宜。

生命才会更加充实而丰富。休闲绝不是无所事事，而是一种生活方式，一种生活态度，一种高尚情趣。对弈啊，抚琴啊，书法啊，习画啊，都是生活的美妙乐章，即便品茗、饮酒、打牌、聊天也能孕育君子之风、文明之魂。唯有休闲，方能陶冶人的情操、升华人的追求。

工作给人极大的快乐和满足

很多人总会陷入这样一种境地，工作厌烦，生活无味，人生就像一团解不开的乱麻，糟糕透顶。

张强在公司已经工作5年了，每次一见朋友，他都会很烦恼地说："真的，太累了。我真的不想干了。"

像张强一样的感叹，恐怕是每一个上班人的心声。是的，面对堆砌在桌子上等待处理的文件，看着电脑上飞快闪动的数字，还有让人心烦意乱的工作电话，硬着头皮去见一个自己并不怎么想见的客户，确实让人感觉到很劳累，甚至想辞职不干，像古代的隐士一样躲到深山老林。可是，这样真的可行吗？

张强又一次像以往那样发出感叹的时候，一个人笑着问道："如果真的感到很累，就不要干了。"

"说得轻松！"张强说道，"如果能辞早就辞了。到时再找工作也是个麻烦，何况新工作不一定比现在的好。"

"其实，也用不着这么累的！"对方说道。

"算了吧！我不干活儿还差不多。"张强说道。

"你为什么在做事情的时候，不去考虑这些工作是任务，而是把它当作一种兴趣，不就可以快乐工作了？"那个人笑着说道。

工作和生活是相通的，既然连工作都处理不好，就不用说生活会是什么样子了。

工作无聊通常会让我们的工作降低效率，而当我们因为工作无聊而变得低效率时，我们往往比较容易原谅自己。其实，无聊的工作也可以变得高效，你所需要的只是给自己的生活一点调剂，让工作变得有趣起来。

有人曾经说过：当你把一项爱好当作工作来做时，你就会发现自己的兴趣消失了。

其实，任何工作都可能变得枯燥无味。但是，当你把一件工作当作爱好来做时，你的兴趣便会回来。任何乏味的工作，都可以试着加以改变。例如，你可以在工作的同时，听音乐或者听广播，只要你的工作不会受到打扰。这很容易让你的工作轻松起来，消除你的抱怨和疲劳感，甚至让你干得更起劲。

一个人单独工作往往是枯燥乏味的，还有一个好办法就是和你的家人、朋友一起来做。你们可以边谈笑边工作，这可以让你觉得时间过得很快。枯燥的工作会消磨你的耐心，但你可以让它变得有趣。

在任何时候，我们都要学会乐观面对工作，别把工作看成是苦役。

即使在选择工作时出现了偏差，所做的不是自己感兴趣的工作，也不要自暴自弃，而是应当设法从这乏味的工作中找出兴趣。对工作表现出乐观向上的态度，可以使任何工作都变得有意义，变得轻松愉快。

只要我们在心中将自己的工作看成是一种享受，看成是一个获得成功的机会，那么，工作上的厌恶和痛苦的感觉就会消失。

舞蹈艺术家邓肯将自己的身心融入了舞蹈的韵律，著名数学家陈景润把数学化为猜想，音乐大师贝多芬将整个生命化作音符……这时候所有的困难，统统被他们抛在九霄云外。大发明家爱迪生曾经说："我一生中从未做过一天的工作。"因为他把研究发明看作一种乐趣。

工作其实可以说是生活的一个方面或者是缩影，懂得工作的人才懂得生活。

生活的真谛就是懂得享受生活，而享受生活的真正意义，就是使自己的心情达到一种舒畅或平静的状态，使做事完全是自觉、自愿而且感兴趣的。

享受生活就是人的一种自由的感受。当一个人拥有最好的感受时，便可称为享受生活。因此，保持良好的情绪，按照自己的方式工作、学习或休闲，就是最快乐的人生，也是许多人梦寐以求的幸福生活。

生命对每个人而言只有一次，而且人的一生时光短暂，因此，活着的时候，就应该快乐工作，享受生活。如果你能够自豪地说："我的使命已经完成，不再有缺憾了！"那么，这样的人生就是最快乐的人生。

所以，不要把"无聊"的责任推给工作，而应寻找自身的原因。也许是你对工作没有给予应有的重视；也许是你还没有完全睁大眼睛，去发现你的种种潜能；也许是你还没有彻底看清事实。

对工作产生兴趣，把工作变成娱乐，哪怕少拿一些薪水也是心甘情愿的。把工作看成娱乐，在工作中享受工作，很多成功的人正是这样做的。请记住，工作和娱乐的不同就在于思想准备不同，娱乐是乐趣，而工作则是"必做"的责任和义务。假如你是职业棒球运动员，如果把注意力放在娱乐上，你就可以和业余棒球运动员一样，更加投入地比赛。这里不是说比赛本身不重要，而是不要把全部精力集中到比赛这个"赌注"上，忘记了比赛本身就是娱乐。常常是忘记了"比赛"，使获胜的机会增大。

学会从工作中获得乐趣，找到工作的热情，将是你人生成功的又一秘诀。心中充满快乐时，自然会感到身边的工作也有趣，终日自怨自艾，只是无益的自寻苦恼。

许多著名的成功人士，如明星、作家、科学家等都曾描述工作时所得到的极大快乐与满足，这项工作是他们真心想做的，这可能是促成他们成功的原因之一。

人生最有意义的事情就是工作，当你抱有足够的热情去工作时，上班就不是一件苦差事，工作也就成了一种乐趣。

繁忙之余，享受生活的悠闲

现代的工作场合里，步调都被调整得很快。一位西方评论家说过："效率被视为这个时代对人类文明的最伟大贡献。效率被视为一种永远追求不完的力量，人们不可能达到的极致。"因此，在这个快节奏的工作和生活环境中，我们就像一个机器人，机械的追求效率，而忽略了工作本身以及人的价值。太多机器按钮等我们去按，生活忙乱不堪，工作效率低下且毫无乐趣可言，在效率的鞭策下每个人都像机器一样忙得一刻也停不下来，这样的生活注定毫无幸福可言。

的确，在大部分的工作环境中，把工作时间花在非目标导向的事情上，会被认为没有生产效果，缺乏效率。邀请同事去吃个舒舒服服的午餐，给同事庆祝生日，或是经常在办公桌上插瓶花，似乎都是些不重要的小事，但是，如果连这些都舍弃，又和没有精神生活的机器人有何分别？

事实上，以人的价值来看，我们应该依照人性来决定生活的步调。

整天工作并不会有效率。效果和花费的时间并不一定成正比。强迫自己工作、工作再工作，只会耗损体力和创造力。我们需要暂时停下工作，而且要经常这么做。每当你放慢脚步，让自己静下来，就可以和内在的力量接触，获得更多能量来重新出发。一旦我们能了解，工作的过程比结果更令人满足，我们就更能够乐于工作了。据国外心理学家的调查，几乎有2/3以工作为中心的人，下班后不懂得放松。许多人以为在饭店饮酒取乐，醉生梦死便是放松。可在酒场上的君子们哪一个不是"有备"而来的呢？要么是为了打通关系，要么是为了饭后的红章或签字。这不仅不能缓解心头的压力，反而把身体也累垮了。追求效率和追求完美非常相似，它们都在我们能力所能企及的范围之外，当我们将效率奉为生活的唯一标准，而一旦达不到要求，就会为之生气、烦躁，这样，我们的生活就会变得复杂、痛苦，而且毫无乐趣可言。

阿尔伯特是美国一名著名的演说家及作家，每天都要乘飞机或者火车到世界各地去采访、演讲。

有一次他应邀到日本去演讲，搭乘大阪往东京的新干线，在快到新横滨时，由于铁路的转辙器故障，被迫停驶。车长在车内广播："各位旅客，对不起，由于铁路临时发生故障，需暂停20分左右，请各位旅客稍候，谢谢！"阿尔伯特是个急性子的人，刚开始就有一些烦躁不安，电车停驶20分钟，对于一个注重效率，时间又十分宝贵的人来说无疑是一个十分痛苦的损失。

但是20分钟过去，并且都快30分了，电车一点也没有要发动的迹象，正当他愈来愈焦躁不安时，车内又再度广播："很抱歉，请再稍候一会儿。"修理故障大概很费工夫吧！然而就在这瞬间，他改变了惯常的想法，心想，焦躁也无济于事，不如找些别的事做。

阿尔伯特在看完手边的周刊杂志和书后，就去拿备置的《时事周刊》开始阅读。车内的乘客，大概有很多是忙人，他们焦躁地到处走动，向车长询问一些事情。阿尔伯特回忆这次特别的经历时说：

"电车由原先预定的延迟 20 分钟，变成 1 小时、2 小时，最后慢了 3 个小时，因此抵达东京时，我几乎看完了那本报道前总统卡特全貌的《时事周刊》。

"假如火车依照时间准时到达东京；或许我就无法获得有关前卡特总统的详细知识。

"而且，假设我又是位没有'游戏'和'从容'心态的人，这 3 个小时，除了焦躁不安、不断抽烟外，就没有什么事好做了。"

阿尔伯特是现代效率社会的佼佼者，这一点从他蒸蒸日上的事业和忙碌的身影就可以看得出来，然而自从他有了这次电车上的经历之后，他懂得了一项重要的启示：一个人要及时地从社会以及身边的人一起营造的追求效率的氛围中走出来，以一种从容和游戏的心情来面对自己工作的结果，不要时刻都让效率之弦绷得太紧，否则就容易为自己带来过多的压力和挫败感，这样，工作就成了摆脱不掉的包袱，同时也毫无效率可言。

通用公司的总裁杰克·韦尔奇在这方面的做法也十分值得我们借鉴。多年以来，他回忆起自己同妻子在森林中的漫步仍是兴趣盎然。

"有一个夏天的下午，我与妻子到森林游玩，这我们到优美的墨享客湖山的小房里休息，房子位于海拔 2500 米的山腰上，这是美国最美的自然公园。

"在公园的中央还有宝石般的翠湖舒展于森林之中。墨享客原就是'天空中的翠湖'。在几万年前地层大变动的时期，造成了高耸断崖。

"我的眼光穿过森林及雄壮的崖岬，转移到丘陵之间的山石，刹那间光耀千古的大峡谷，猛然间照亮了我的心灵，这些美丽的森林与沟溪就成为滚滚红尘的避难所。

"那天下午，夏日混合着骤雨与阳光，乍晴乍雨，我们全身淋透了，衣服贴着身体，心里开始有些不愉快，但是我们仍彼此交谈着。慢慢地，整个心灵被雨水洗净，冰凉的雨水轻吻着脸颊，瞬时引起从未有过的新鲜快感，而亮丽的阳光也逐渐晒干了我们的衣服，话语飞舞于树与树之间，谈着谈着，静默来到了我们之间。

"我们用心感受着四方的宁静。确实，森林绝对不是安静的，在那里有千千万万的生物在运动着，大自然张开慈爱的双手孕育生命，但是它的动作却是如此的和谐平静，永远听不到刺耳的喧嚣。

"在这个美丽的下午，大自然用慈母般的双手熨平了我们心灵上的焦虑、紧张，一切都归于平和。"

抽时间和家人到公园共度一个美丽的下午，而不是和以前一样在办公室中困坐愁城。放慢脚步，在繁忙的工作之余，静静地享受生活的悠闲，跳出效率的陷阱，或许我们就会收获更高的工作成果。

第七章

选准方向，勤奋也要忙到点子上

第十九节
目标是勤奋的动力和方向

成功从选定目标开始

西方有句谚语："如果你不知道你要到哪儿去，那通常你哪儿也去不了。"

人生之旅是从选定目标开始的。人生如同航海，茫然的漂流只会使人像浮萍一样永远没有归宿。没有方向的帆永远是逆风行驶，没有目标的人生不过是在绕圈子。

唯有目标明确，才会找到方向，将人生之船开到成功的港湾。

当别人取得成功的时候，总有人会吃不到葡萄就说葡萄酸："他运气真好"，"他有背景"，"他占了天时地利"，"如果放了我在相同的条件下，我也能成功"。有些人就一直这样议论着那些成功者，就在他们大发议论时，周围的成功者仍在层出不穷。可成功却与这些爱发议论的人无缘。他们也不去看看，不去想想那些成功者是否个个都如同他们所说的那样简单就可以成功。其实，他们并没有看到事情的真相。真相是每一个成功者都具有一种特别的素质，即，在他们成功之前，每一个成功者都曾与设定目标，与成功相约。

有了目标，就像旅途中有了前进的方向。

正如贸易巨子宾尼所说："一个心中有目标的普通职员，会成为创造历史的人；一个心中没有目标的人，只能是个平凡的职员。"

富兰克林也说："我总认为一个能力很一般的人，如果有个好目标，是会有大作为的，能为人类做大贡献的。"

1973 年，英国一个青年考入了美国哈佛大学。常和他坐在一起听课的是一位 18 岁的美国小伙子。大学二年级那年，这位美国小伙子和英国青年商议，一起退学，去开发 32Bit 财务软件，因为新编教科书中，已解决了进位制路径转换问题。

当时，英国青年感到非常惊诧，因为他来这儿是求学的，不是来闹着玩的。再说对 Bit 系统，教授还未全部教完，要开发 Bit 财务软件是不可能的。他委婉地拒绝了那位小伙子的邀请。

10 年后，英国青年成为哈佛大学计算机系 Bit 方面的博士研究生，那位退学的小伙子也在这一年，进入美国《福布斯》亿万富豪排行榜。1992 年，英国青年继续攻读，成了博士后；而那位美国小伙子的个人资产，在这一年又有了突飞猛进的发展，仅次于华尔街大亨巴菲特，达到 65 亿美元，成为美国第 2 富豪。1995 年，英国青年认为自己已具备了足够的学识，可以研究和开发 32Bit 财务软件了；而那位小伙子却已绕过 Bit 系统，开发出 Eip 财务软件，它比 Bit 快 1500 倍，并且在两周内占领了全球市场。这一年他成了世界首富，那个美国小伙子就是比尔·盖茨。

同样教育下的两个人，却有如此天差地别的差距，这是为什么？因为目标的不同。英国青年想的只有按部就班地完成学业，而比尔·盖茨，则有一个远大的人生目标，这个目标让他勇往直前，不畏艰难，成为撼动世界经济的大人物。

目标为什么会有如此巨大的作用？

首先，选定了目标之后，你的人生就有了方向，你就能决定你的人生不会偏离成功的航道。正确的方向才能保证你驶向成功的港湾。

其次，当你选定了目标之后，你便有了一种鞭策力。当你遵守你与成功的约定，不断地实现你的目标，向成功迈进时，你每前进一步就会产生一种成就感。反之，当你不遵守约定，你就会为自己的行为感到不安，你就会觉得愧对自己。

最后，选定目标，有助于你安排事情的轻重缓急。

人生过往总有很多人很多事来干扰。无目标的人往往眉毛胡子一把抓，结果什么事情都难以做成做好。有了明确的目标，你就知道了你今天该和什么人约见、该处理一些什么事情、该把哪些人和事抛在一边。一个人的精力有限，有目标你就会把精力集中起来，这就是常言所说："好钢用在刀刃上。"这样，你就不会沦为琐事的奴隶，才能保证你人生的航船马力强劲，才能更快地与成功相见。

另外，目标有助于我们预知明天，做到未雨绸缪。成功的人总是事事先决断，绝不会当救火队员。有道是"不打无准备之仗"。有了明确的目标，我们就可以预知明天，提前做好明天的计划安排。这样其他的人和事就不会影响我们的工作进程。即使遇到麻烦，因为你已做好了准备，你就可以应付自如，把损失降低到最低程度，而不至于到头来手忙脚乱。

目标还有度量人生的作用。目标具体而又明确就像一个参照物，你就可以根据自己距离最终目标有多远来衡量已取得的进步，找出差距，肯定成绩，实现目标。

如果一个人没有目标，就只能在人生的旅途上徘徊，永远到不了终点。

正如水对于生命一样，目标对于成功者也是绝对必要的。如果没有水，没有人能够生存；如果没有目标，没有任何人能成功。

所以，人的一生中，最主要的是选择自己的目标，目标确定了，就等于成功了一半。

明确的目标还可以增加我们的自信心。把目标具体而清楚地写下来时，我们就克服了怀疑及恐惧，开始相信自己可以达到目标。当信心增长的时候，我们就会增加胜利的把握。

确定明确的人生目标，对于人生，对于成功，都是至关重要的。

如果没有明确的目标。我们就像地球仪上的蚂蚁，看起来很努力，总是不断地在爬，然而却永远找不到终点，找不到目的地。结果只是白费力气，得不到任何成就与满足。

没有目标的人只知道盲从，他不知道为什么要做这些事，做这些事的结果是什么，他更不知道自己以后要做什么。如果你问他："你为什么而活？"他就会迷惘地看着你。"不能保持正确目标而奋斗的，就如玩耍得意而消沉的儿童一样，他们不知道自己所要的是什么，总是茫然地撇着嘴。"卡耐基曾经说过。

很多勤奋者因为没有目标，他们只是在生存着，重复着生活的机械动作，他们从未感受过生命的光亮。他们看着他们的生命之光迅速地飞逝，人变得越来越恐惧，害怕自己还没有体会到任何真正喜悦和生命的内涵，就走到了人生的尽头。

拿破仑说："希望成功，就必须确立目标，一个明确的目标。"目标是既定的目的地，也是你理念的终点。

没有树立生活目标的人就等于没有灵魂。没有目标，你只能稀里糊涂地往前走。你将会被永远地拒绝在成功的门外。一个人只有先有目标，才有成功的希望，才有前进的方向，才能感受到成功的喜悦。

人生能得多少，就看你要求多少

人生能得多少，就看你要求多少。

"我曾是一个穷人，去世时却是以一个富人的身份走进天堂的。在跨入天堂的门槛之前，我不想把我成为富人的秘诀带走，现在秘诀就锁在法兰西中央银行我的一个私人保险箱内，保险箱的 3 把钥匙在我的律师和两位代理人手中。谁若能通过回答'穷人最缺少的是什么'这一问题而猜中我的秘诀，他将能得到我的祝福。当然，那时我已无法从墓穴中伸出双手为他的睿智而鼓掌，但是他可以从那只保险箱里荣幸地拿走 100 万法郎，那就是我给予他的掌声。"这是巴拉昂——排名法国前 50 名的富翁——公布在《科西嘉人报》上的一份遗嘱。

巴拉昂曾经是一个穷小子，但他靠推销装饰肖像画起家，在不到 10 年的时间里，他迅速成为法国最年轻的媒体大亨。1998 年他因病去世后将价值 4.6 亿法郎的股份捐给医疗机构并留下了这份特别的遗嘱。

此后《科西嘉人报》收到的 48561 封来信中，读者给出了五花八门的答案。然而只有一位年仅 9 岁的小女孩猜对了秘诀——野心。小女孩和巴拉昂都认为穷人最缺少的是成为富人的野心。

颁奖的时候，记者带着所有人的好奇，问年幼的小女孩，为什么会想到"野心"，而不是其他的。小女孩说："每次我姐姐把她 11 岁的男朋友带回家时，总是警告我说：'不要有野心！不要有野心！'我想也许野心可以让人得到自己想得到的东西。"

巴拉昂的谜底见报后，引起不小的震动，这种震动甚至超出法国波及欧美。后来，一些好莱坞的新贵和其他行业几位年轻的富豪就此话题接受电台的采访时，也都毫不掩饰地承认：野心是永恒的特效药，是所有奇迹的萌发点。某些人之所以贫穷，大多是因为他们有一种无可救药的弱点，即缺乏野心。

其实，所谓的野心，就是我们人生目标的高度。

做任何事，都不会一帆风顺，总要面临曲折。但是，无论多么困难的时候，我们都要有长远的眼光，自己给自己定好位，就会敢拼敢赢。

我们总是会听到类似这样的话语："噢，我不行"、"我性格内向"、"我害怕与人交往"、"我的工作能力不行"……其实，这些评价和断语都是我们自己附加于自己的，都是缺乏信心的表现。一个人如果对于自身的能力缺乏自信，即使其中掺有谦虚的成分，也无法使自己获得真正的成功，更不可能得到真正的幸福。因为健全的自信往往是带来成功的关键。

目标的高度决定勤奋的高度。拥有一个远大的目标，成功者就会展开梦想的翅膀，立定设计飞向诱人的未来，追求人生的成功。

　　拿破仑说："不想当将军的士兵不是好士兵。"秦始皇出巡，仪仗万千、威风凛凛。刘邦见之道："大丈夫生当如此。"项羽见之对项梁道："彼可取而代之。"

　　古今中外，所有成就过一番事业的人，他们的发迹都源于这种强烈的愿望和野心。远大目标促使他们采取行动、实现目标。假使他们没有这种强烈的欲望，安守现状，那么任何奇迹都不会发生。

　　一个目标没有高度的人，往往满足于守着自己的"一亩三分地"，而开拓不出属于自己的天地，永远受制于他人。现实中，能在自己的工作中取得成绩，获得升迁的大都是有着强烈进取心的人。有了进取的目标，才会主动积极地去寻找实现目标的方法；有了向上的目标，才能全力以赴、不轻易停下脚步。古往今来，无数事例证明了这一点。

　　美国著名动作明星、加利福尼亚州州长阿诺德·施瓦辛格曾在清华大学进行过一次演讲，与清华学子"面对面"分享他人生的酸甜苦辣。他演讲的主要内容为"坚持梦想"，精彩的演讲引起了听众的强烈反响。

　　施瓦辛格说："不管你有没有钱或工作，不管你是否受过短暂的挫折和失败，只要你坚持自己的梦想，就一定会成功！"施瓦辛格说，自己小时候体弱多病，后来竟然喜欢上了健美。最初也受到了一些人的嘲讽和质疑，可他苦练后铸就了一副强壮的身板，并赢得了世界级比赛的健美冠军。而在随后的从影、从政过程中，外界的质疑也从未中断过，可他没有动摇，最后还是将梦想一个个地变成了现实。

　　"你们应该走出去，大胆地实现自己的梦想，为了你们的学校，为了中国，为了世界！"他告诉听众。

　　正是目标的高度，促使施瓦辛格不断奋斗，从体弱多病的穷小子变成健美世界冠军，然后成为影星，进军政界，不断走向新的成功。

　　本田汽车公司的创始人本田宗一郎从小就有伟大的梦想。小时候，当他第1次看到机车时，简直入了迷，他回忆道："我忘了一切地追着那部机车，我深深地受到震动，虽然我只是个小孩子，我想就在那个时候，有一天我要自己制造一部机车的念头已经产生了。"

20世纪50年代初期，本田宗一郎的公司在非常拥挤的机车工业已经占有一席之地。5年内，他就成功地击败了机车工业里的250位对手。他"梦想"中的机车在1950年推出，实现了儿时"制造更好的机器"的梦想。在1955年，他在日本推出"超级绵羊"系列产品，1957年这种产品在美国推出。这种不同凡俗的产品，加上创意新颖的广告口号——"好人骑本田"，使本田机车立刻成为畅销的热门产品，也改变了已经奄奄一息的机车工业。到了1963年，本田机车几乎在世界各个国家都变成了机车工业里最主要的力量，击败了传统而强大的意大利机车和美国哈雷机车。

伟大的目标造就了成功之士，并促使这些成功之士们追逐自己的梦想，最终走向更大的成功。

只要你想，并为之奋斗，你就可能做成任何事！

目标要有可行性

目标是人生境界的体现，选择什么样的目标意味着你将步入什么样的生存境界。

选择目标的时候一定要选正确，选一个可以实现的、适合你的目标。否则，就不如没有目标。

有这么一个故事。

从前有个渔夫，打鱼技术非常棒。可他却有一个不好的习惯，就是爱立誓言。即使誓言不符合实际，八头牛也拉不回头，将错就错。

这年春天，听说市面上章鱼的价格最高，于是他便立下誓言：这次出海只捕捞章鱼。但这一次鱼汛所遇到的全是海龟，他只能空手而归。回到岸上后，他才得知现在市面上海龟的价格最高。渔夫后悔不已，发誓下一次出海一定要只打海龟。

第2次出海，他把注意力全放到海龟上，可这一次遇到的却全是章鱼。不用说，他又只能空手而归了。晚上，渔夫摸着饥饿难忍的肚皮，躺在床上十分懊悔。于是，他又发誓，下次出海，无论是遇到海龟，还是遇到章鱼，他都要去捕捞。

第3次出海后，渔夫严格按照自己的誓言去捕捞，可这一次章鱼和海龟他都没见到，见到的只是一些带鱼。于是，渔夫再一次空手而归……

渔夫没赶得上第4次出海，他在自己的誓言中饥寒交迫地死去。

环境在不断变化，人的能力也在不断地发生变化，目标也就要随着调整。否则就会像那个渔夫一样，总树立一些不可能的目标，他原来与之相适应的目标也就会显得难以实现。适合自己的目标在任何情况下都会发生变化，这就要求每个人在实际生活中不断地适应变化，不断地调整自己，力求使人生的内在潜能得到最大的实现。所以，选择一个适合自己的目标，不是一成不变的，而是不断发展的，不断变化的，人生也就是在这种不断变化过程中实现自己的终极目标的。

还有一则故事。

从前，有一个名叫克里的人，他养了一只狗。克里在一家外企上班，虽然生活无忧，但是他总梦想着有朝一日自己能够超越自己的老板而暴富起来。

一天，克里灵机一动，对狗说："如果我能教会你像麻雀一样飞翔，世界上的人都将乐意花钱来请我，到那时咱们岂不是暴富了！"狗高兴地说："等一等，我不会飞呀！我是一只狗，而不是一只麻雀！"克里非常失望："你这种消极态度确实是一个大问题。做什么事都要有目标，没有目标是成功不了的。我得为你上几天课。"

于是克里每天下班都要给狗上课，内容包括目标管理、战略制定以及时间管理等课程，但关于飞行方面却什么也没有学。

第1天飞行训练，克里异常兴奋，但是狗却很害怕。克里解释说，他们住的公寓一共有15层，狗从第1层开始，从窗户向外跳，每天加一层，最终达到15层。在每一次跳完之后，狗要总结经验，找出最有效的飞行技巧，然后把这些运用到下一次训练中。等到达最高一层的时候，狗就学会飞了。可怜的狗请求克里考虑一下自己的性命，但是克里根本听不进："这只狗根本就不理解狗会飞的意义，它更看不到我的伟大目标。"因此，克里毫不犹豫地打开第1层楼的窗户，把狗扔了出去。

第2天，准备第2次飞行训练的时候，狗再次恳求克里不要把自己扔出去。克里拿出一本袖珍的《高绩效目标管理》，然后向狗解释："当你面对一个目标时，总是害怕实现不了，由此就会停下来，忘了自己树立的目标。"接下来，只听见"啪"的一声，狗又被从二楼扔了出去。

第3天，狗调整了自己的策略，即拖延。它要求延迟飞行训练，直到有最适合飞行的气候条件为止。但是克里对此早有准备，他拿出一张进度表，指着说："既然我们有了目标，那么就要每天向目标靠近，对不对？"于是这只忠诚的狗知道，今天不跳仅仅意味着明天跳两次而已。

不能说狗没有尽其所能。如，第5天它给自己的腿加上了副翼，试图变成鸟；第6天，它在自己脖子上戴了一个红色的斗篷，试图把自己变成"超人"，但这一切都是徒劳。

到了第7天的时候，狗已经摔断了自己的双腿并且左耳失聪。它不再乞求克里的仁慈，只是直直地看着克里说："主人，我是狗，我不是麻雀，你想杀了我，也不用这样的方法吧！"

克里则指出："人生的目标就是在受到挫折后，我们仍然要不断努力，不能放弃自己的目标。"

"闭嘴，开窗。"这只狗平静地说道，然后，它朝着楼下的一片平地跳下去。可怜的狗被摔得像叶子一样瘪。

克里对狗极其失望。飞行计划完全失败了，狗没有学会如何飞，它降落的过程就像一袋沙子从楼上扔下来一样，而且它丝毫也没有听取克里的建议："聪明地飞，而不是猛烈地下降。"现在，克里唯一能做的事就是分析整个过程，找出什么地方错了。经过仔细地思考，克里笑了："下次，我找一只聪明的狗不就行了嘛！"

这则故事告诉我们，目标并非远大就行，你必须考虑自己的实际情况，以此来制定适合你自己的正确目标，否则就会像克里一样不切实际。

当然，适合自己的目标，也不是降低自己的追求，我们要把自己的长远目标和短期目标结合起来规划自己的生活。只从眼前利益出发来确定自己的奋斗目标，忽视了人的长远发展目标的，这样的人生也不会有起色。所以我们的目标要建立在可能性上，要随具体情况而定，既不能太离奇，也不要太低级。

有了目标就要坚持到底

有了目标之后，我们只是开始了成功的征程。在成功旅途中，我们要坚持方向，而不要走偏路。人生最可悲的就是偏离了应有的目标，有时连弥补的机会都没有了，面对现实只能望洋兴叹，眼睁睁地看着自己走进败局。

在第二次世界大战期间曾经发生过这样一个故事。

英美盟军得到可靠情报，德军一个精锐步兵师正在某一座山的后面集结，准备发起攻击。盟军得到情报后立即调来几百门火炮集中在山的另一侧，同时派出一个师的兵力迅速插到德军的后面潜伏，准备利用火炮轰击后，用一个师的兵力出击，全歼德军。

但盟军在测量德军距离时出现了偏差，误将标尺外延了1毫米，结果几百门大炮同时发出怒吼后，本来可以一举歼灭敌军，因为这一偏差，却将自己送上了失败的境地。

有时候，即使偏差只有一分一毫，也会产生惨痛的结果。偏差对实现目标所产生的负面影响是不容忽视的。在成功之路上，我们有能力把握现在，我们在把握现在的同时也把握了未来。而有的人正相反，他们总是不能正确把握自己，正如拉希尔·贝洛克所说："当你做着将来的梦或者为过去而后悔时，你唯一拥有的现在却从你手中溜走了。"

特洛伊战争曾经被认为是一种传说，但是一个少年，海恩利·西休利曼却坚信它的存在。从此，他矢志发现其遗迹并作为自己的终生梦想。这个梦不断摇动在他的内心深处。

为了实现这个梦想，休利曼建立计划，锻炼自己，使自己一步一步向梦想接近。休利曼从小家里就很穷，所以中途辍学。在工作20年后他成为一个成功的实业家。休利曼为了实现他多年的梦想，毅然地结束了他的事业，把资金投入到发掘特洛伊的遗迹上。数年之后，他的梦想终于得到了实现。

休利曼的成功，正是由于他能够锁定目标并全力以赴，坚持方向，不走偏路，这样，目标才绝不会沦为一个缺乏行动的空想。

在为一件事做准备时，不但要制订明确的目标，更重要的是要始终专注于这个目标，不能因为其他事情的出现而分散自己的注意力。如果你今天想成为一名科学家，明天想成为一名画家，后天又想当一名宇航员，最终的结果只能是一场空，你的准备工作很可能前功尽弃。

锁定目标就是你朝着你确定的目标前进。但锁定目标，并不是说你一生就只能有这个目标，如果你今后感觉这个目标不适合于你，或你有更高层次的目标，你可以更改。

人生一件很重要的事就是，你要学会制定目标，如果实践检验这个目标是对的，就要锁定，并为之全力以赴；如果你的目标是错的，不符合时宜的，就要更改。只有这样，你才可能到达生存之境的巅峰。

成功，最忌"一日曝之，十日寒之"，"三天打鱼，两天晒网"。遇事浅尝辄止，必然碌碌终生而一事无成。世上愈是珍贵之物，则费时愈长，费力愈大，得之愈难。天上不会掉馅饼，数学家陈景润为了求证"哥德巴赫猜想"，他用过的稿纸几乎可以装满一个小房间；作家姚雪垠为了写成长篇历史小说《李自成》，竟耗费了40年的心血。大量的事实告诉我们：点石成金须恒心。

一个人如果不能坚持目标，是不会成功的。很多人在生意场上随波逐流，在社会上随波逐流，在政治上随波逐流，他们漂浮在自己喜欢却无力实现的幻想中，这就是一种梦幻。斯多克说："大多数人都是在生活中随波逐流。在 100 种不同的情况下，他们会选择 100 种不同的职业。他们往往对于做什么根本没有明确的倾向。"虽然成功人士也都有不同的弱点，但是，坚定而明确的目标却必定是他们的共同特征。

坚持，是通往成功目标的道路；坚持，铸就了无数辉煌。因为有了坚持，才有了埃及平原上宏伟的金字塔，才有了耶路撒冷巍峨的庙堂；因为有了坚持，人们才登上了气候恶劣、云雾缭绕的阿尔卑斯山，在宽阔无边的大西洋上开辟了通道；正是因为有了坚持，人类才夷平了新大陆的各种障碍，建立起人类居住的共同体。

坚持就是力量。滴水可以穿石，锯绳可以断木。如果三心二意，即使是天才，势必一事无成。只有仰仗恒心，点滴积累，才能看到成功之日。勤快的人能笑到最后，而耐跑的马才会脱颖而出。

我们如何做到坚持目标，不走偏路呢？

（1）审视自己的积极性。如果发现积极性不高或者没有积极性，我们就要认真考虑一下，是否偏离了自己的目标。

（2）经常问问自己有多少责任感。每做一件事，都承担着一定的责任。当我们发觉自己没多大责任心时，就要想一想我们是否偏离了目标。

（3）事情的次序安排是否合理。如果做事时总觉得还有另一件更重要的事情需要马上做，这时就要反思一下，是不是没有把事情的轻重缓急安排好。选最主要的事先来做，这才是我们最优先的。

（4）监督进展情况。要及时地评估离目标尚有多远，尚有哪些事情要做，还要做哪些方面的投入或付出，最好列出一张表格，以免走弯路。

（5）发现偏差及时纠正。在目标实现中，我们总会有所偏差，这并不可怕，我们可以随时调整自己的行动。就像航船，要随时校正自己的方向。如出现偏差没有及时发现，你走得越远，麻烦越大。

有了目标之后，坚持目标，不要走偏路，成功对我们而言就会水到渠成，瓜熟蒂落。

第二十节
计划和勤奋是
执行目标的双翼

计划确保目标的有效执行

　　如果说，目标是成功的方向，则计划是实现目标走向成功的具体步骤，如果你的工作缺乏计划，无论你有多强的责任心，都可能使自己的工作陷入混乱状态。只有给自己的工作分配出时间和日期，制订一个切实可行的计划，你才能一件一件按部就班地完成工作。如果你的工作没有计划，你不知道什么时间开始投入一项工作，你也不知道这项工作需要做什么样的准备，你只是认定了完成一项工作最好的方法就是去做，你将事倍功半。

　　没有计划的工作将使你不得不被一些琐碎小事缠住而心烦意乱，你甚至会觉得自己被失败感纠缠而放弃工作。即使你完成了工作，你也会对它产生负面印象，在你需要再做同样的工作时，你会因为它的琐碎而厌烦、望而却步。

　　常庚是一家公司的主管，和往常一样，早上，他走进办公室，看到桌子上有一摞报表，感到头疼。但是迫于工作需要，他只好静静地坐下来，认真地审阅。看了一部分后，助理走了进来，对他说："主管，有一位客人想见你。"

他不在意地说："让他先在客厅等一会儿，我马上就过去。"

大约 10 分钟过后，常庚走进了会客室，看见客人正焦躁地在会客大厅里徘徊，他马上满脸堆笑地说："真抱歉，我今天的事情太多了，实在抽不出时间。"

客人听了他的这句话，非常气愤地说："既然你实在没有时间，那么我们改天再谈吧。"

说完客人转身就走了，常庚不知所措地看着那个客人的背影消失在门口。

第 2 天公司就辞掉了常庚，因为常庚的行为使公司失去了一个生意上经常往来的熟客。

常庚的遭遇，是因为他没能计划好工作，不能分清轻重缓急，而被一些小事耽误了重要事情，给自己带来了很多的痛苦和烦恼。假如他能够在工作开始前给自己制订一个计划，按照工作内容的重要性，有序地开展工作，就会提高效率，也不会失去那位生意上的熟客。

在很多人的观念里，并不重视时间，因此便毫无节制地浪费时间，更准确地说是混时间，到头来一生平庸，一事无成，甚至对时间恨得要命，烦得要命。

我们每天要做的第 1 件工作，也是最不可怠慢的，就是决定工作的先后顺序，而且必须根据情况具体计划。

拥有一个有序的计划，让你忙而有序，一旦你走入社会的群体，就要为自己设计一个目标，并计划如何一步一步去实现。但目标应订立在你力所能及的范围内，这样才能够更好、更快地实现。

有序地计划时间，充分设计自己生活中的每一分一秒，看似困难，但当你真正执行这一方法后会发现，久而久之，时间便不再紧张而空虚，你的生命也因此而充实起来了。一定要在初始阶段就坚持设定好时间计划，而且绝不松懈，让有序成为你良好的习惯。

做计划是个好习惯，它不会让你的工作陷入混乱之中。你要不断提醒自己，首先把时间花在思考和计划上，这会为以后省出许多时间，因为事先思考和计划能保证工作的顺利完成，考虑成熟可以让你满怀热情地投入新的工作。

没有计划的人容易忽略前后次序，在慌乱之中延误期限，而使周围的人感到困扰。

要想使我们的工作有条有理，忙而不乱，需做到以下几点：

（1）应将一件工作完整地规划好，准备工作也应事先妥善处理。不要等到工作开始，这样很容易丢三落四。

（2）当手边有好几件工作时，应先决定优先次序。一般人的习惯是先从简单容易的事情着手，困难的工作即使再重要，也尽可能地排在后面处理。但我们在计划中正确的排序应该是先选最重要的来做，即使再困难也不要轻易变更，更不能拖延不做，否则就会造成比较严重的后果。

（3）预测一下完成工作需要花费多少时间。今天预备做的工作共需花费多少时间，如果无法做准确的安排，则往后的工作进度都必须重新设定。当上司问及"什么时候可以完成呢"，你回答"中午以前一定可以完成"，结果到了下午才做好，上司的计划也会因此被你搞乱。

一个有序的计划，可以让我们的工作效率更高，时间更充沛，即使再忙碌也不会因此而搞杂工作。

设立计划从分解目标开始

田鼠喜欢吃苹果，一天，有4只非常要好的田鼠胖胖、笨笨、拉拉和可可相约去森林里找苹果吃。胖胖跋山涉水，终于来到一株苹果树下。但它根本就不知道这是一棵苹果树，当然也不知道树上长满的红红可口的东西就是苹果。它只是稀里糊涂地跟着别的动物往上爬。没有目的，也没有终点，更不知自己到底想要哪一种苹果，也没想过怎样去摘取苹果。结果它在树林中迷了路，过着悲惨的生活。

笨笨也找到了苹果树。它知道这是一棵苹果树，也确定它的目标就是找到一个大苹果，但它并不知道大苹果会长在什么地方。它猜想：

大苹果应该长在大枝叶上。于是它就慢慢地往上爬，遇到分支的时候，就选择较粗的树枝继续爬。它就按这个标准一直往上爬，最后终于找到了一个大苹果。笨笨刚想高兴地扑上去大吃一顿，但是放眼一看，它发现这个大苹果是全树上最小的一个，上面还有许多更大的苹果。更令它泄气的是，要是它上一次选择另外一个分支，它就能得到一个大得多的苹果。

拉拉同样到了一棵苹果树下。拉拉知道自己想要的就是大苹果，并且研制了一副望远镜，还没开始爬时就利用望远镜搜寻了一番，找到了一个很大的苹果。同时，它很细心地规划了上下苹果树的路径，希望找到最便捷的途径。一番勘测后，它开始往上爬了。当遇到分支时，它一点也不慌张，因为它知道该往哪条路走，而不盲目跟着一大堆虫去挤破头。比如说，如果它的目标是一个名叫"教授"的苹果，那应该爬"深造"这条路；如果目标是"老板"，那应该爬"创业"这分支。最后，拉拉应该会有一个很好的结局，因为它已经有自己的计划。但是真实的情况是，因为拉拉的爬行相当缓慢，当它抵达时，苹果已熟透而烂掉了。

可可可不是一只普通的田鼠，它做事有自己的规划。它知道自己要什么苹果，也知道苹果怎么长大。因此它没忘带着望远镜观察苹果，它的目标并不是一个大苹果，而是一朵含苞待放的苹果花。它计算着自己的行程，估计当它到达的时候，这朵花正好长成一个成熟的大苹果，它就能得到自己满意的苹果。结果它如愿以偿，得到了一个又大又甜的苹果，从此过着幸福快乐的日子。

从这则故事中，我们可以知道：胖胖是个毫无目标、一生盲目、没有自己人生计划的糊涂虫，不知道自己想要什么。正如我们前面所讲过的，没有目标的人生，犹如闭眼狂奔。

笨笨虽然知道自己想要什么，但是它不知道该怎么去得到苹果，在习惯中，它做出了一些看似正确却使它渐渐远离苹果的选择。虽然拥有目标，却没有正确方向和确定的计划，依靠习惯与经验，这样的人生也不会获得成功。

拉拉有非常清晰的人生计划，也总是能做出正确的选择，但是，它的目标不切实际，成功对它来说已经是明日黄花。机会、成功不等人，我们定计划时必须正确评估自己的能力。

可可是一只非常聪明的田鼠，它不仅知道自己想要什么，也知道如何得到自己的苹果以及得到苹果应该需要什么条件，然后制订清晰实际的计划。在望远镜的指引下，它一步步实现了自己的理想。

可见，目标的实现是一个渐进的过程，我们必须分解目标，设立计划，脚踏实地一步步前进。不急于求成，将目标分解成计划，不仅有利于避免急于求成的心理，也有助于消除倦怠心理，增强克服困难、战胜挫折的勇气和信心。依次做好每一段的事，方能夺取最终的胜利。

很多人好高骛远，就是因为没将目标分解成计划，忽略了实现目标的很多步骤，所以他们把自己的目标定得比较高。虽然有坚持不懈的努力，可长时间下来，却被不能实现目标的挫折感所困扰，也对自己的能力产生了怀疑。

与其好高骛远，不如从一点一滴的小事做起，直达成功的彼岸。大事都是由小事积累的，目标也一样，大目标都是由小目标组成的。把自己的目标分解成几个阶段计划，再把这几个阶段计划进一步细分量化，分解成每月的工作计划、每周的工作计划、每天的工作计划，这样，通过每天实现自己的计划，每天提高一点，每天改进一点，不断取得工作上的进步，那么实现目标的信心也就越来越强，实现最终目标也就不是一件难事了。

制订准确计划要注意的三个方面

有时目标看似遥不可及，然而只要我们能够设立相应的计划，有效地将问题分解成许多板块，点点滴滴去实现，我们也会像舒乐一样，为自己建立一座"人间伊甸园"。

一个人的时间、金钱和精力是有限的，但成功者之所以能够在这有限之中做到事半功倍，是因为他们总是为自己定好了计划。因此，能不能把一件事情办成功，一个很重要的因素就是看你有没有科学的计划和方案。科学的计划和方案就像是火车的轨道，有了轨道，火车就能够轻而易举地前进；没有轨道，火车将寸步难行。

科学的计划和方案又像是人的大脑，是指挥部。歌德说过："匆忙出门，慌忙上马，只能一事无成。"高尔基说过："不知道明天干什么的人是不幸的。"所以，你不仅要树立远大的理想，还要制订科学的计划和方案去实现它。

有这样一句极富哲理的话："你今天站在哪里并不重要，但是你下一步迈向哪里却很重要。"当人们站在十字路口茫然不知所措的时候，多么希望有人来指点迷津；当人们举棋不定、环顾左右而难以决断的时候，多么希望有人来助上一臂之力。而真正能够给自己指点迷津，助一臂之力的不是别人，而是自己！

如果你不再是拥有整整二十几年的时间，而是只有二十几次机会了，那你打算如何利用剩下的这二十几次机会，让它们变得更有价值呢？

这就需要我们制订一个准确而翔实的计划。那些成功者都善于规划自己的人生，他们知道自己要实现哪些目标，并且拟订一个详细计划——把所有要做的事都列下来，并按照优先顺序排列，依照优先顺序来做。当然，有的时候没有办法100%按照计划进行，但是有了确定的计划，便给一个人提供了做事的优先顺序，让他可以在固定的时间内，完成需要做的事情。

计划是为了提供一个按部就班的行动指南，从确立可行的目标，拟定计划并执行计划，最后确认出你达到目标之后所能得到的回报。马克·吐温说过："行动的秘诀，在于把那些庞杂或棘手的任务，分割成一个个简单的小任务，然后从第一个开始下手。"

要制订一个准确的计划，首要条件是了解自己，找准方向。一个有效的人生计划，必须是在充分、正确地认识自己的基础上进行。认识自己，才能实现自己。对自我的了解越透彻，就越能做好。

你需要审视自己、认识自己、了解自己，并且对自己有个大概的评估。自我评估包括自己的兴趣、特长、性格、学识、技能、智商、情商、思维方式、道德水准等内容。

充分认识了自己后，你还需要清楚你所处的社会环境，估量你的理想追求与社会环境之间的关系。仔细分析内外环境的优势与劣势，找出自己的专业特长与兴趣点，这是计划的第1步。

以上是定计划的准备阶段，在开始制订计划时，必须合理安排它的前后进度。要考虑清楚，哪些是现在就可以做到的，哪些是需要积累一段时间之后才能实施的。

计划必须具有循序渐进性，好比爬楼梯，一个台阶一个台阶地往上走才能达到顶点。任何事情都不是一蹴而就的，慢慢地积累才能带来质的飞跃。

除了循序渐进，计划还必须具有可操作性。计划必须要适合一个人的实际能力，同时也必须符合客观条件。只有这样，我们才能在计划的指导下一步步迈向成功。

计划是效率的保证。每天我们都会面临庞杂的工作，如何做到忙碌而不盲目，高效优质地完成自己的工作？可以试试下面的方法：

（1）准备一份要完成的工作计划清单，并将工作分类。

（2）把所有的工作，分门别类归入相应的类别中去。

①急件：当天必须完成。

②电话：准备打的电话。

③口授：要起草的信件。

④研究：在进行之前需要掌握详细的资料的工作，如查询档案材料等。

⑤讨论：需和他人讨论的工作。

⑥审阅：需更加细致地了解情况，或先行进行审查的工作。

⑦待办：等候别人采取行动的工作。

⑧计划：需要考虑合作准备的工作。

⑨另外，把所有的工作材料，都标上相应的标记。

（3）计划要准确，就要求我们在实践中既贵在坚持，又要善于调整。

坚持到底的勇气是必需的，灵活应变的智慧也是不可或缺的。我们既不能一碰钉子就放弃，也不能死钻牛角尖出不来。我们该知道，计划的存在只是为你的前进指明一个方向。我们是它的创造者，我们可以在不同时间不同环境下更改它、完善它，让它更切合我们的理想。

很多时候，我们都在犹豫，是坚持，还是放弃计划重新开始？在坚持和放弃之间，没有绝对的真理。有些计划的确很难达到，但如果坚持下去，说不定奇迹就真的会出现。但有些计划，即使你奋斗终生也不可能实现。这时，放眼长远，适当地放弃和调整才是明智的选择。

我们应当始终牢记，规划是死的，人是活的。很多时候，与其改变规划，不如改变自己，改变自己的态度和方式。既要相信自己，又要审时度势；既要坚持不懈，又要灵活善变。

吉姆·罗恩这样说过，"不要轻易开始一天的活动，除非你在头脑里已经将它们一一落实"。准确定好计划，我们就能发挥自己的最佳能力，让自己制造惊奇。

生命图案就是由每一天拼凑而成的，我们可以从这样一个角度来看待每一天的生活，在它来临之际，或是在前一天晚上，把自己如何度过这一天的情形在头脑中过一遍，然后再迎接这一天的到来。有了一天的计划，就能将一个人的注意力集中在"现在"。只要将注意力集中在"现在"，那么未来的大目标就会更加清晰，因为未来是被"现在"创造出来的。接受"现在"并打算未来，未来就是在目标的指导下最终创造出来的东西。

如果今天没有为明天的事情进行任何计划，那么明天将无法拥有任何成果！

生命格外短暂，每一天、每一刻都是有限的，我们不可能无限地拥有它们。只要我们能够准确计划，不让它们白白地溜走，就能拥有一个充实而快乐的人生。一个全面而明确的计划，可以让我们在生活和工作中善于应对变化，保持自身的效率和工作质量。一个可以应对变化的计划要求做到以下几点：

(1)计划要详尽而且实际。

(2)计划好后，就要确定开始和完成的期限。

(3)每天都计划做些事，让自己逐步接近目标。

(4)尽量利用最有效率的时刻。

(5)为那些需要一整段时间的事情留出时间。

(6)负责任地制订计划，承担计划带来的责任。

(7)为创造平衡的人生而计划。

人们总是在感叹：计划没有变化快。确实，在人生中充满了许许多多的不确定。但即使是再复杂的变化，也有其内在规律。只要我们抓住这种规律，定好计划，就可以"泰山崩于前而面不改色"，从容应对各种变化。

确保计划有效实施的三个方面

目标是前途，也是约束。

（1）为了实现自己的计划和目标，也许你必须干一些自己不想干的事，放弃一些自己深深迷恋的事，这样，你可能会觉得有一定的"约束"。但是，为了生活，为了计划的实现，为了成功，我们不能试图摆脱一切"约束"，而是应该在"约束"的引导下，一步步沿着既定的目标，稳妥地前进。

著名的畅销书作家奥狄·曼格诺说过："一张地图，无论多精细，都不可能使你在地面上移动一步。我们的计划再科学，还需要我们毫不迟疑、坚定地去执行才可奏效。"

事实上，那些成功的勤奋者都有一个突出的特点：一旦有了目标和计划，就立即用行动约束自我，高效能地完成计划。

许多勤奋者的成功经验告诉我们，认真地制订一份计划不但不会约束我们，还可以让我们的工作做得更好。当然，同许多其他重要的事情一样，执行计划并不是一件简单容易的事。如果你约束自我，实现了制订的计划，那么你就一定会成为一个卓有成效的成功人士。

（2）很多人确立了目标，制订了计划，却依然愁容满面：担心工作没了，担心万一没钱怎么办，担心目标达不到……几乎没有不担心的事。其实，他们之所以担心，是因为他们不知道如何实行计划，达到目标。

每个人都清楚地知道，只要我们能够保持持续不断地改善，那么必然可以取得成就。你只需付出 0.5% 的努力，就可以获得不可思议的力量。计划也是如此，不要想一口气吃成个胖子，即使胃口再大，也会消化不良，所以只需点滴积累，便可达到"滴水穿石"的巨大威力。

今天比昨天进步了 1%，明天再比今天进步 1%，实际上总体比前天进步了就不止 2% 了，这是一个几何晋级关系。所谓不进则退，差距就是这样拉大的。

前洛杉矶湖人队的教练派特雷利也坚持这一原则，他说："今年我们只要每人比去年进步 1% 就好，有没有问题？"球员一听："才 1%，太容易了！"于是，在罚球、抢篮板、助攻、抢断、防守一共 5 方面都各进步了 1%，结果那一年湖人队居然很轻松地得了冠军。

成功就是每天在各方面持续不断地进步一点点，每天进步一点点是卓越的开始，每天创新一点点是领先的开始，每天多做一点点是成功的开始。

只差一点点，往往是导致计划失败的原因。每天多睡一点点、少做一点点是失败者共有的习惯；每天多做一点点，多付出一点点是成功者共有的特质。

每天多做一点点，慢慢地，你会发现自己离金字塔顶已经不远了。

（3）及时修正和调整计划，适应变化。大千世界，变化纷繁，我们要顺利地完成自己的计划、达到自己的目的，就必须随时检视自己的选择是否有偏差，这样我们才能牢牢把握自己的目标，使之不会偏离方向。

公元 1 世纪欧洲有句著名的格言："不容许修改的计划是坏计划。"我们也有一句俗语叫作："计划赶不上变化。"这两句话都说明了这样一个道理：我们在做事的时候要根据外部环境的变化，及时修正和调整自己的计划，合理地调整目标，放弃无谓的固执。

富兰克林认为，不变的计划比没有计划更糟糕。这句话包含两层意思：首先，制定目标的过程固然重要，但必须明白的是，你的工作目标永远都不能完全提前于计划出来；其次，我们必须具备调适能力，你要能够随时修正、改进自己的计划。

你要允许自己在执行计划的过程中有突然的事情发生，并且你还要把它看作突如其来的幸运，而不是你设计的方案突然出现了问题。用一位效率专家的话说：工作效率高的人，总是准备好了要幸运。这里的关键词是"准备好了"和"幸运"，它们是不可分的。你没有准备，就得不到幸运，如果你没有对一个辉煌灿烂的事情发生的可能性抱持开放的态度，就没有处于"准备好了"的状态的感觉。

在工作中，我们需要有一种心理准备，应该及时调整自己的目标和计划。那么，调整目标须遵循哪些步骤呢？

（1）修正计划，而不是修正目标。如果更改目标已成为习惯，那么这种习惯很可能让你一事无成。大目标一旦确定，不可轻易更改，尤其是"终端目标"。可以修正的是达到目标的计划，包括达到"终端目标"之前各个"路标"——过程目标。

（2）修正时限。如果修正计划还无法达到目标，可以退而求其次，修正目标达到的时间。一天不行，用两天；一年不行，花两年。坚持到底，永不放弃，终将成功。

（3）修正目标的量。如果修正目标的时限还不行，只好对目标的量进行改变。做这一决定时，请"三思而行"，并千万告诫自己，不要轻易压缩梦想以适应残酷的现实。应有的思维模式应是：不惜一切努力，找寻新的方法以改变现实，达到目标。

（4）万不得已时，只有放弃该目标。放弃本身就是一个残酷的现实，你不得不宣告失败。此时你一定能准确地品尝出"成功很难，不成功更难"这句话的滋味。即使"屡战屡败"，我们仍可以"屡败屡战"。对于成功者而言，这个世界根本就没有失败，只有暂时还没有成功。只要你不服输，失败就绝不会是定局。这种修改、调整目标的目的，仍是为了实现目标，取得成功。